河南省"机器学习与图像分析"杰出外籍科学家工作室(编号：
中原工学院科研团队发展项目"机器智能与高维数据分析"(K20221D001)资助

振动故障特征提取与智能诊断技术

◆余发军　廖　亮　著

吉林大学出版社

·长春·

图书在版编目(CIP)数据

振动故障特征提取与智能诊断技术/余发军,廖亮著. —长春:吉林大学出版社,2024.10. — ISBN 978-7-5768-3936-4

Ⅰ.TB533

中国国家版本馆 CIP 数据核字第 2024RK5211 号

书　名：振动故障特征提取与智能诊断技术
ZHENDONG GUZHANG TEZHENG TIQU YU ZHINENG ZHENDUAN JISHU

作　　者：	余发军　廖　亮
策划编辑：	黄国彬
责任编辑：	沈广启
责任校对：	李　莹
装帧设计：	姜　文
出版发行：	吉林大学出版社
社　　址：	长春市人民大街 4059 号
邮政编码：	130021
发行电话：	0431－89580036/58
网　　址：	http://www.jlup.com.cn
电子邮箱：	jldxcbs@sina.com
印　　刷：	天津鑫恒彩印刷有限公司
开　　本：	787mm×1092mm　1/16
印　　张：	10
字　　数：	200 千字
版　　次：	2025 年 3 月　第 1 版
印　　次：	2025 年 3 月　第 1 次
书　　号：	ISBN 978-7-5768-3936-4
定　　价：	58.00 元

版权所有　翻印必究

前 言

机械设备的工作状况可由其监测信号得以反映,振动是一种常用的监测信号。利用振动监测信号对机械设备进行故障诊断通常包括:振动信号采集、故障特征提取、状态识别与决策等技术。故障特征提取是利用信息处理手段对采集的振动信号进行综合分析,得到反映工作状态的关键信息;状态识别与决策是利用故障机理或模式识别方法对提取的故障特征信息进行决策判断,得出故障类别的诊断结果。

近年来,随着人工智能技术特别是机器学习技术的快速发展,机械故障诊断技术由故障机理为主的决策手段快速向以机器学习为主的模式识别决策手段转变。机器学习模式识别智能诊断技术,打破了故障机理诊断技术的局限,不再需要知道设备内部构造与物理属性,凭借对大量监测数据进行训练学习建立智能诊断模型,具有诊断灵活性、可靠性、智能化处理的优势。

本书以编者多年从事振动故障诊断研究成果为基础,分为诊断故障特征提取篇和智能诊断技术篇。特征提取篇包括:第1章故障特征提取基础、第2章振动故障稀疏特征提取技术、第3章振动故障量子化稀疏特征提取技术、第4章基于可调品质因子小波变换的振动故障特征提取技术、第5章基于集合经验模态分解的振动故障特征提取技术;智能诊断篇包括:第6章基于组稀疏分类的智能诊断技术、第7章基于变换域组稀疏分类的智能诊断技术、第8章基于卷积神经网络的智能诊断技术。两篇均采用理论方法与诊断实例实践相结合方式进行讲述,使读者可以有效掌握信息处理与智能模式识别方法在故障诊断领域中实用技术。

本书的出版得到了河南省"机器学习与图像分析"杰出外籍科学家工作室项目(编号：GZS2022012)和中原工学院科研团队发展项目"机器智能与高维数据分析"(编号：K2022TD001)资助。本书编写过程得到了中原工学院廖亮教授的全程指导和帮助，本书的第1－5章和第8章，共16万字，由余发军编写；第6－7章，共4万字，由廖亮编写；本书在内容整理过程中，研究生邱枫做了大量辅助工作，在此表示感谢！同时，本书也借鉴了国内外相关领域同行的成果精华，在此一并表示诚挚的谢意！

　　由于编写仓促及作者研究水平有限，书中难免出现疏漏或瑕疵错误不当之处，恳请同行专家和各位读者批评指正文中不当之处，作者虚心更正并表示感谢！

余发军

2024年5月

目 录

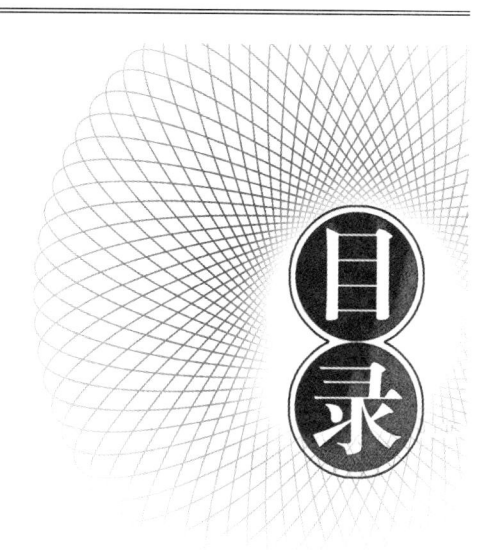

第 1 章　故障特征提取基础 …………………………………… (1)

1.1　机械故障振动机理 …………………………………………… (1)
1.1.1　滚动轴承故障振动机理和故障信号特征 ……………… (2)
1.1.2　齿轮故障振动机理和振动信号特征 …………………… (8)
1.2　振动分析诊断技术的研究现状 ……………………………… (12)

第 2 章　振动故障稀疏特征提取技术 ………………………… (15)

2.1　信号稀疏表示理论 …………………………………………… (15)
2.1.1　稀疏系数求解算法 ……………………………………… (16)
2.1.2　字典构造方式 …………………………………………… (18)
2.2　基于稀疏表示的机械故障特征提取方法 …………………… (20)
2.2.1　特征提取原理 …………………………………………… (21)
2.2.2　改进型 K-SVD 字典学习算法 ………………………… (22)
2.2.3　特征提取步骤 …………………………………………… (24)
2.3　滚动轴承振动故障特征提取应用实践 ……………………… (26)

第3章 振动故障量子化稀疏特征提取技术 (32)

3.1 量子进化理论 (33)
3.1.1 量子进化算法 (33)
3.1.2 改进版量子进化理论 (35)

3.2 基于量子进化的振动故障稀疏特征提取方法 (40)
3.2.1 基于量子进化算法的信号稀疏分解流程 (40)
3.2.2 基于 IQEA 的稀疏特征提取 (42)

3.3 滚动轴承振动故障的量子化稀疏特征提取应用实践 (45)
3.3.1 数值仿真实验 (45)
3.3.2 故障轴承振动信号的稀疏分解实验 (48)

第4章 基于可调品质因子小波变换的振动故障特征提取技术 (51)

4.1 可调品质因子小波变换理论 (51)
4.1.1 Q 因子概述 (52)
4.1.2 TQWT 基本理论 (54)
4.1.3 TQWT 的滤波原理 (57)

4.2 基于可调品质因子小波变换的振动故障特征提取方法 (59)
4.2.1 提取指标的选取—谱峭度 (59)
4.2.2 特征提取步骤 (61)
4.2.3 仿真分析 (62)

4.3 滚动轴承振动故障特征提取应用实践 (67)

第5章 基于集合经验模态分解的振动故障特征提取技术 (73)

5.1 集合经验模态分解理论 (73)
5.2 基于集合经验模态分解的振动故障特征提取方法 (75)
5.2.1 自相关函数及其能量集中比 (75)
5.2.2 分界点 K 值和软阈值函数的确 (77)

5.2.3　仿真实验…………………………………………………(78)

　5.3　滚动轴承振动故障特征提取应用实践………………………(81)

第6章　基于组稀疏分类的智能诊断技术………………………(84)

　6.1　信号组稀疏分类理论……………………………………………(84)

　　6.1.1　稀疏分类(SRC)…………………………………………(84)

　　6.1.2　SRC对机械振动信号分类的不足………………………(86)

　　6.1.3　组稀疏分类(GSRC)……………………………………(87)

　　6.1.4　快速求解算法……………………………………………(89)

　6.2　基于组稀疏分类的故障诊断方法………………………………(91)

　　6.2.1　诊断原理…………………………………………………(91)

　　6.2.2　诊断步骤…………………………………………………(93)

　　6.2.3　仿真分析…………………………………………………(94)

　6.3　滚动轴承故障诊断应用实践……………………………………(97)

　　6.3.1　轴承诊断分析……………………………………………(97)

　　6.3.2　齿轮诊断分析……………………………………………(100)

　　6.3.3　讨论………………………………………………………(103)

第7章　基于变换域组稀疏分类的智能诊断技术………………(106)

　7.1　信号变换域组稀疏分类理论……………………………………(106)

　　7.1.1　基于稀疏表示分类(SRC)及其变……………………(107)

　　7.1.2　基于变换域稀疏表示的分类(TDSRC)………………(108)

　7.2　基于频域组稀疏分类的滚动轴承故障诊断方法………………(108)

　7.3　滚动轴承故障诊断应用实践……………………………………(110)

　7.4　基于小波域组稀疏分类的齿轮箱故障诊断方法………………(112)

　　7.4.1　小波包变换原理…………………………………………(113)

　　7.4.2　基于小波包系数稀疏分类的复合故障诊断方法………(114)

　　7.4.3　性能测试…………………………………………………(118)

　7.5　齿轮箱复合故障诊断应用实践…………………………………(122)

第8章 基于卷积神经网络的智能诊断技术 ……………… (129)

8.1 卷积神经网络理论 ……………………………………… (130)
8.1.1 全谱傅里叶变换 …………………………………… (130)
8.1.2 阶谱 ………………………………………………… (131)
8.1.3 1D-CNN …………………………………………… (132)

8.2 基于一维卷积神经网络的智能诊断方法 ……………… (133)
8.2.1 原始数据预处理 …………………………………… (134)
8.2.2 阶谱特征的构建 …………………………………… (135)
8.2.3 1D-CNN 的构建 …………………………………… (136)
8.2.4 网络的训练 ………………………………………… (138)

8.3 基于一维卷积经网络的滚动轴承智能诊断应用实践 …… (139)
8.3.1 实验设置 …………………………………………… (139)
8.3.2 构建实验数据集 …………………………………… (140)
8.3.3 实验结果及讨论 …………………………………… (141)
8.3.4 对比其他方法 ……………………………………… (144)

参考文献 ………………………………………………………… (147)

第1章 故障特征提取基础

机械故障诊断的目的在于监测设备的工作状态并及时确定故障类型，避免故障引起较大经济损失和严重事故的发生。机械故障诊断技术是建立在多学科基础上的交叉学科，它融合了机械、电子、计算机、数学等学科的内容，近几十年来，国内外对振动分析诊断技术的研究大多集中在两方面：一是故障振动机理；二是特征提取与诊断方法。[1] 研究故障的振动机理是振动分析诊断技术的理论基础，通过建立物理或数学模型来模拟逼近故障的形成和发展过程，旨在明确故障的动力学特性，进而掌握不同故障类型发生时的振动信号特征，为故障特征提取和诊断提供理论依据。

1.1 机械故障振动机理

旋转类机械是机械设备中主要的一大类，是工业现代化生产中必不可少的组成部分，在电力、石油、化工、冶金、采矿、交通等领域有广泛的应用。在旋转类机械设备中，滚动轴承和齿轮是起能量传送作用的关键部件，也是整个设备最易出故障的部件。据不完全统计，旋转机械故障由轴承失效导致的占30%以上，由齿轮失效导致的占10%以上。[2] 因此，开展对轴承和齿轮

---

[1] 陈长征，胡立新，周勃，等. 设备振动分析与故障诊断技术[M]. 北京：科学出版社，2007.
[2] 徐敏. 设备故障诊断手册[M]. 西安：西安交通大学出版社，1998.

故障机理和诊断方法的研究有着重要意义，这也是国内外学者选择以轴承和齿轮为研究对象的主要原因。

本章首先以滚动轴承和齿轮为例，阐述其故障振动机理和故障信号特征；然后介绍信号稀疏表示理论及其算法，分析利用稀疏表示进行故障特征提取的原理和思路，为后续章节提供理论基础。

1.1.1 滚动轴承故障振动机理和故障信号特征

1. 滚动轴承故障振动机理

滚动轴承是一类将转轴与轴座之间滑动摩擦转化为滚动摩擦，并为转轴提供支撑的重要机构部件，一般由内环、外环、滚动体和保持架四部分组成。工作时，内环与转轴相连，随轴转动，外环与轴承座或机壳相连，采用固定或相对固定的连接方式。由于受生产环节中的加工装配误差或运行环节中的过载及外侵异物等因素的影响，滚动轴承是机械设备中极易损坏的部件。其故障形式一般可分为两大类：磨损类故障和表面损伤类故障。[①] 磨损类故障，是一种渐变性的故障，不会产生突发性的破坏，故其危害程度要远小于表面损伤类故障。当滚动轴承出现表面损伤类故障时，滚动体滚过损伤点会产生突变的冲击脉冲力，对各部件产生不同程度的破坏，因此，表面损伤类故障的危害较大，是本书研究的主要故障形式。

对于表面损伤型的故障轴承，可将其振动源概括为三部分[②]：其一为与轴承弹性相关的振动，其由轴承各元件正常接触时固有振动引起的，包含各元件的固有频率成分，与轴承的转速和异常状态无关；其二为与轴承滚动表面损伤有关的振动，由滚动体在损伤表面转动时产生的交变激振力引起，与转速相关，反映轴承的损伤情况，包含故障部件的特征频率成分；此外，由元件松动、加工或安装误差及轴系不对中等原因引起的谐波振动源等。这三类振动源经轴承外壳传递时，受外壳振动系统的传递特性影响产生附加振动和噪声。因此，故障轴承的振动成分包括各元件的固有振动成分、由转速和损

---

① 陈进. 机械设备振动监测与故障诊断[M]. 上海：上海交通大学出版社，1999.
② 朱可恒. 滚动轴承振动信号特征提取及诊断方法研究[D]. 大连：大连理工大学，2013.

第1章 故障特征提取基础

伤形态决定的故障特征频率成分、由加工环节导致的谐波成分及外壳振动系统的传递特性所决定附加振动频率成分和噪声等。

固有振动频率成分，是滚动体与内环或外环之间产生接触运动而引起的各元件的固有振动，这些固有频率与轴承的外形、材料和质量有关，且受安装状态的影响。固有振动频率成分是正常轴承工作时的主要振动源，一般情况下，滚动轴承的固有频率通常可达数千赫到数十千赫。[1]

故障特征频率成分，是轴承元件(内环、外环、滚动体等)出现表面损伤时产生的一系列宽带冲击，这些宽带冲击出现的频率由轴承各元件的参数、故障类型和转速等因素决定，冲击的幅度由损伤形态和负载状况等因素决定。在图 1-1 所示滚动轴承结构中，若外环固定、滚动体和滚道材质均匀，且无相对滑动，则轴承各元件的故障特征频率，即如式(1-1)~式(1-3)所示。

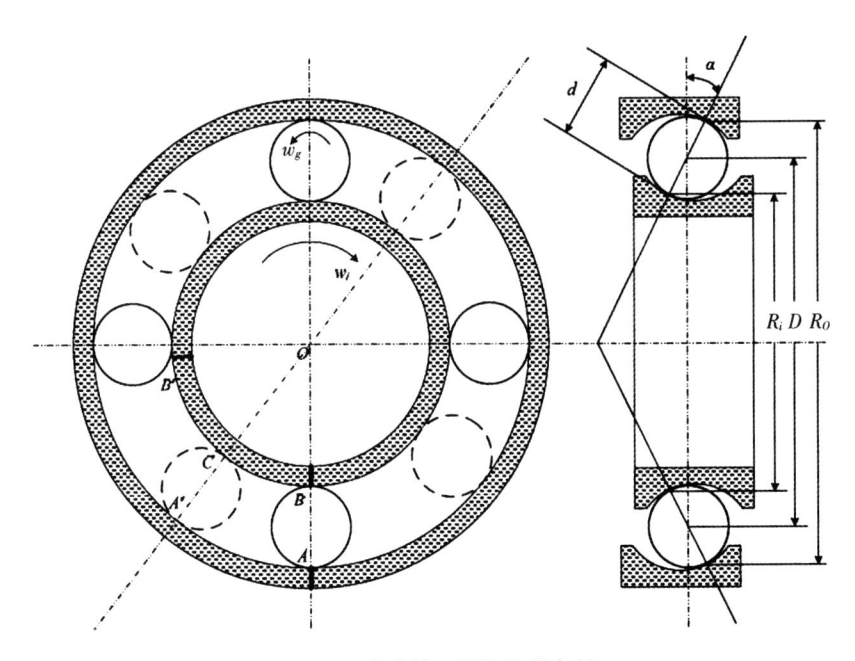

图 1-1 滚动轴承结构及其参数

外环故障特征频率 f_o：

---

[1] 沈水福，高大勇. 设备故障诊断技术[M]，北京：科学出版社，1990.

$$f_o = \frac{z}{2}\left(1 - \frac{d}{D}\cos\alpha\right)f_r \qquad (1\text{-}1)$$

内环故障特征频率 f_i：

$$f_i = \frac{z}{2}\left(1 + \frac{d}{D}\cos\alpha\right)f_r \qquad (1\text{-}2)$$

滚动体故障特征频率 f_b：

$$f_b = \frac{D}{d}\left(1 - \frac{d}{D}\cos\alpha\right)^2 f_r \qquad (1\text{-}3)$$

式中：f_r——转频(Hz)；

z——滚动体个数；

d——滚动体直径(mm)；

D——滚动轴承节径(mm)；

α——滚动轴承压力角(度)。

最终由轴承外壳传递出来的振动信号，是一种频谱从低频到高频分布的非平稳信号。轴承各元件故障特征频率成分及加工误差导致的振动主要分布在低频带（1 kHz 以下），处于故障初期的特征成分所占能量小，极易被背景噪声和其他振动源覆盖，这是早期故障特征难以提取的主要原因。中频带（1～20 kHz）主要包含轴承各元件的固有振动频率成分。由于各元件失效时，其固有振动能量互相传递，因此，实际中难以利用中频带实现故障识别。高频带（20 kHz 以上）主要包括失效引起的冲击和高频噪声。若引起的冲击能量大，则可利用此频段的滤波器，有效提取出各个冲击成分，实现故障特征提取。

2. 滚动轴承故障信号特征

由上述分析的故障振动机理可知，表面损伤型的滚动轴承振动信号主要包含元件的固有振动成分、故障特征成分和背景噪声等。[1] 本小节假设滚动轴承受力方向为单方向且不发生变化，振动信号的采集点为径向上的某个固定位置，在转速不变的情况下，分别分析滚动轴承的外圈、内圈和滚动体发生表面损伤性缺陷时，故障信号的时域和频域分布情况，为有效提取特征成分

---

[1] 楼应侯，蒋亚南. 机械设备故障诊断与监测技术的发展趋势[J]. 机床与液压，2002，4：7－9.

第 1 章　故障特征提取基础

提供理论依据。

(1) **外圈故障信号特征**

当滚动轴承外圈滚道发生表面损伤时，滚动体每通过一次损伤处便会产生一个冲击振动，转轴转动一周产生的冲击数与滚动体总数相同，由于发生损伤的位置与信号采集点的相对位置保持相对不变，因此产生的冲击序列的幅度是大致相等的，没有被转频调制，如图 1-2(a)所示。冲击序列的固有共振频率则可通过其频谱图反映，如图 1-2(b)所示，主要能量集中在共振频率处。冲击出现的频率，即故障特征频率 f_o 则可通过其 Hilbert 包络谱图反映，如图 1-2(c)所示，主要能量集中在故障特征频率 f_o 及其倍频处，没有出现边频成分。

(a) 时域波形

(b) 频谱

(c) Hilbert 包络谱

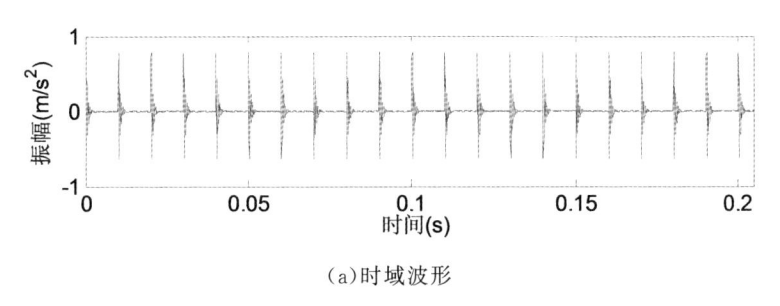

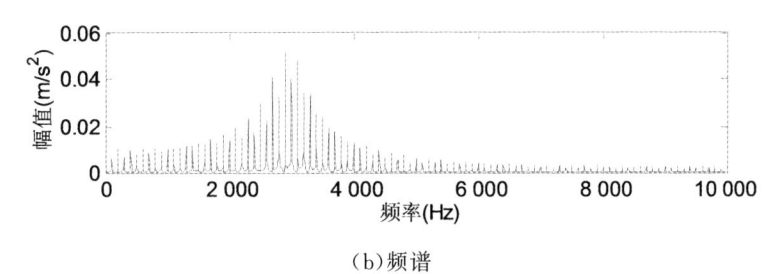

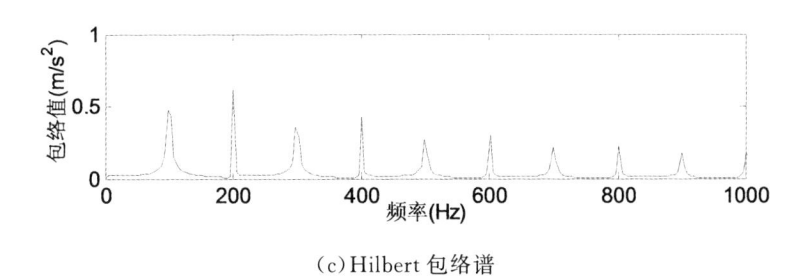

图 1-2　外圈故障信号特征

(2) 内圈故障信号特征

当滚动轴承内圈滚道发生表面损伤时，滚动体周期性地通过损伤点，产生周期性的冲击序列，由于内圈损伤点与信号采集点的相对位置随着内圈旋转发生变化，所以冲击序列的幅度明显受转频调制，如图 1-3(a) 所示。冲击序列的固有共振频率则可通过其频谱图反映，如图 1-3(b) 所示，主要能量集中在共振频率处。故障特征频率 f_i 则可通过其 Hilbert 包络谱图反映，如图 1-3(c) 所示，能量主要集中在故障特征频率的倍频成分 nf_i 和边频成分处，且边频与 nf_i 的差值为转频的二倍，即 $nf_i \pm 2f$，边频的出现说明了冲击序列的幅度受转频调制的事实。

(a) 时域波形

(b) 频谱

(c) Hilbert 包络谱

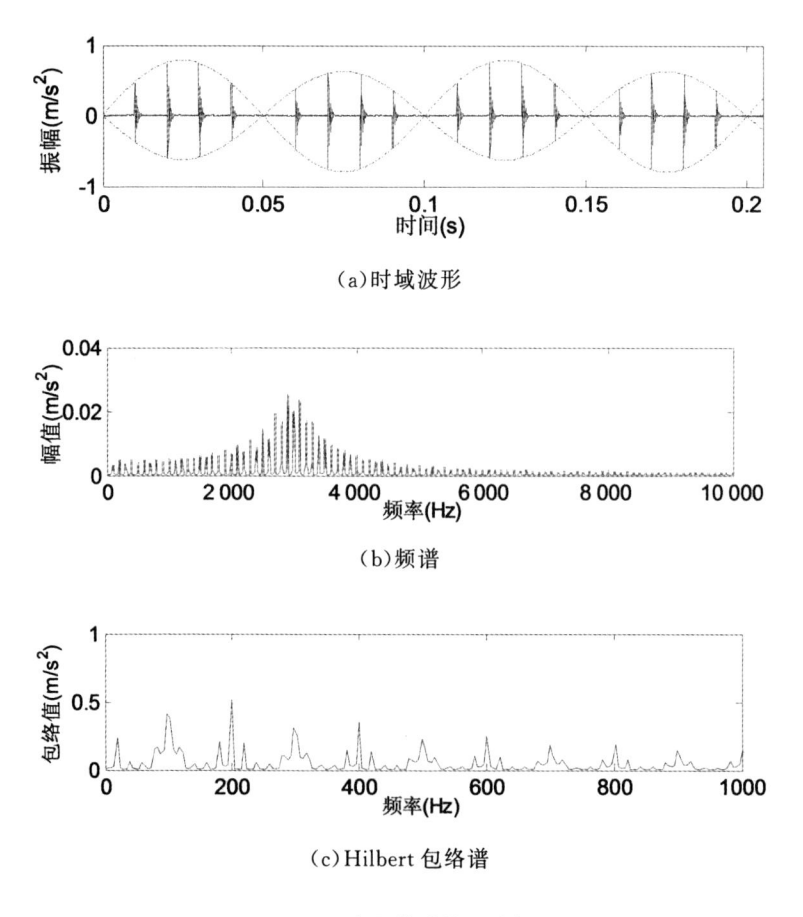

图 1-3 内圈故障信号特征

第1章　故障特征提取基础

(3)滚动体故障信号特征

当轴承滚动体发生损伤时,由于滚动体故障点在自转过程中与外圈或内圈都会产生周期性的冲击振动,所以冲击出现的频率为滚动体自转频率的2倍。另外,由于滚动体故障点与信号采集点之间的相对位置随着滚动体公转发生变化,所以冲击信号的幅值被滚动体公转频率调制,如图1-4(a)所示。冲击序列的固有共振频率则可通过其频谱图反映,如图1-4(b)所示,主要能量集中在共振频率处。故障特征频率 f_b 则可通过其 Hilbert 包络谱图反映,如图1-4(c)所示,能量主要集中在故障特征频率的倍频成分 nf_b 和边频成分处,且边频与 nf_b 的差值为滚动体公转频率的2倍,即 $nf_b \pm 2f_{be}$,其中 f_{be} 为滚动体公转频率。边频的出现说明了冲击序列的幅度受滚动体公转频率调制的事实。

(a)时域波形

(b)频谱

(c)Hilbert包络谱

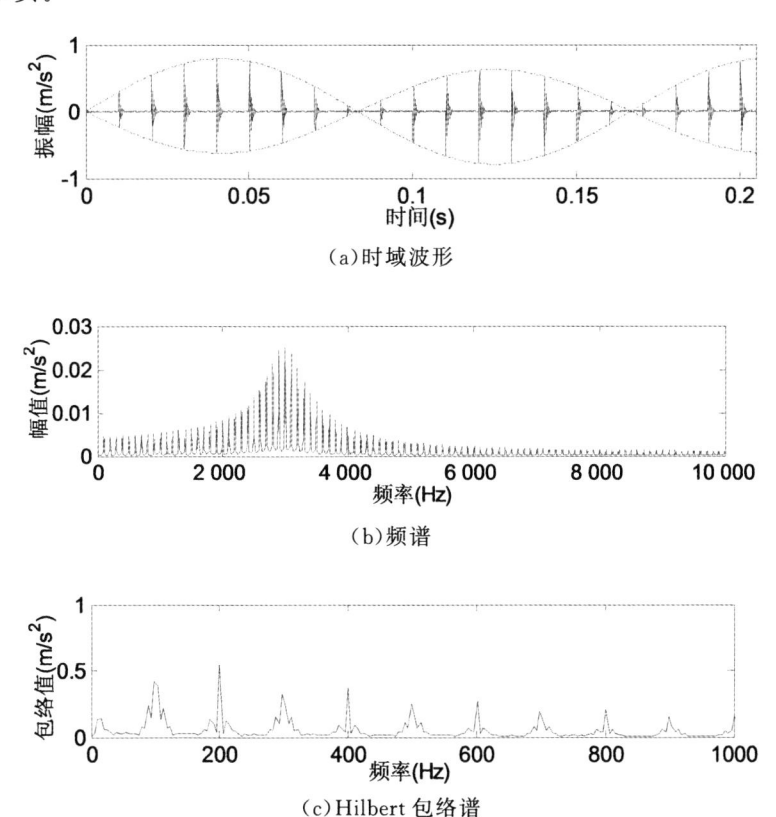

图 1-4　滚动体故障信号特征

1.1.2 齿轮故障振动机理和振动信号特征

1. 齿轮故障振动机理

齿轮是机械设备中另一类容易出现故障的部件，其故障原因可分为两类：一类是由于生产加工误差或安装不当造成的；另一类是在运行过程造成的。[①] 前者如：轮齿误差、轴线不对中、齿轮与内孔不同心、齿轮装配不良等因素，造成啮合时产生冲击，引起较大的振动和噪声。后者如通常由于齿轮在长期运行时，齿面负荷太大造成的点蚀、断齿、磨损等故障。

齿轮运行的振动系统非常复杂。通常建立简化的齿轮啮合振动模型揭示其振动特性，如(1-4)式：

$$M_r\ddot{x} + C\dot{x} + k(t)x = F(t) \qquad (1-4)$$

其中，M_r 为齿轮副的等效质量；x 为沿齿轮啮合作用线上的相对位移；C 为啮合阻尼；$k(t)$ 为啮合刚度；$F(t)$ 为动态载荷。齿轮正常运行状态下，大小齿轮啮合交替进行，形成周期性冲击，形成啮合振动分量；当齿轮出现故障时，振动能量增大，并伴随着新的振动分量出现，这些振动分量的频率与故障的类型息息相关。在润滑良好和齿轮表面粗糙度较低的情况下，动态载荷 $F(t)$ 取决于正常运行时的啮合振动分量和由故障导致的振动分量，因此，(1-4)式可转化为

$$M_r\ddot{x} + C\dot{x} + k(t)x = k(t)E_1 + k(t)E_2(t) \qquad (1-5)$$

式中：$k(t)E_1$ 为齿轮正常运行时啮合振动分量；$k(t)E_2$ 为齿轮误差和齿轮故障导致的振动分量。

在(1-5)式的振动模型下，故障齿轮的振动频率成分包含：

①齿轮啮合频率及其倍频，其频率大小与转速、齿数、重叠系数及啮合刚度等因素有关；

②当齿轮发生断齿故障时，轮齿每转一圈便会产生一次冲击，因此，振动频率便会包含转频及其倍频；

③齿轮在加工过程中产生的周期性缺陷，在运行时产生的高阶频谱，该

---

① 李蓉.齿轮箱复合故障诊断方法研究[D].长沙：湖南大学，2013.

振动频率成分主要由加工误差引起的，因此，其能量大小取决于加工误差大小；

④当齿轮表面发生剥落、拉伤及磨损等局部损伤性故障时，便会产生周期性衰减冲击，其衰减的振动频率与损伤程度相关。

此外，由于在齿轮啮合传动过程中产生的额外干扰及环境噪声等因素的影响，齿轮发生故障时的振动频谱能量分布也会发生相应的改变，这为齿轮故障特征成分的提取增加了难度。

2. 齿轮故障振动信号特征

由齿轮故障振动机理可知，正常齿轮传动期间，大小齿轮啮合交替进行，产生啮合振动，其频谱能量主要集中在啮合频率及其倍频处。齿轮发生故障时，振动信号表现出明显的调制现象，其频谱上表现为啮合频率及其倍频边频带的出现，振动信号的调制形式在一定程度上反映了齿轮发生故障的类型，因此，掌握故障齿轮振动信号调制规律对其故障诊断具有重要意义。

(1) 调幅特征

调幅特征表现为高频载波信号的幅度随低频调制信号的某种特征变化而变化的现象。对故障齿轮来说，高频载波信号为齿轮啮合振动，低频调制信号为齿轮转动时由故障引起的啮合冲击等，如齿轮偏心引起的两齿轮中心距随转速周期性的变化是一种典型的调幅形式。

若啮合振动表达为

$$x_c(t) = A\cos(2\pi f_z t + \varphi) \tag{1-6}$$

式中：f_z 为齿轮的啮合频率。幅度调制信号为 $1 + m\cos(2\pi f_r t)$，f_r 为齿轮的转频，则调幅后的信号表达为

$$x(t) = A[1 + m\cos(2\pi f_r t)]\cos(2\pi f_z t + \varphi) \tag{1-7}$$

由傅里叶分析可知，调制后的信号包含三个频率分量：f_z、$f_z + f_r$ 和 $f_z - f_r$，如图1.5所示。可根据边频带的带宽判断是否存在与转频有关的故障类型。

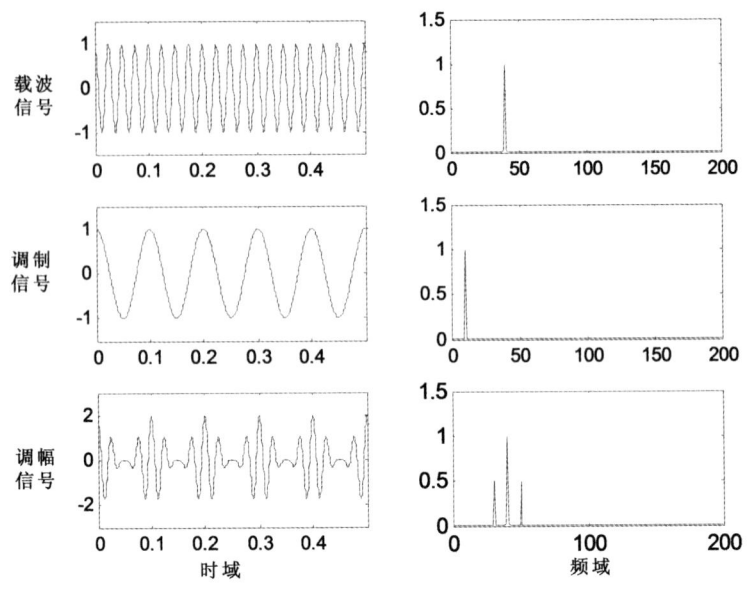

图 1-5　故障齿轮调幅信号特征

（2）调频特征与调相特征

调频特征指高频载波信号的频率随低频调制信号的某种特征变化而变化，调相特征指高频载波信号的相位随低频调制信号的某种特征变化而变化，两者在数学表达相似，故障齿轮的调频特性与调相特征没有严格区分。当齿轮的齿距分布不均匀时，传动过程中产生的啮合振动也不均匀，这就导致啮合振动的频率时快时慢，表现出频率调制。此外，发生点蚀故障时，振动信号也表现为对啮合频率及其倍频成分的调频，其调制频率为轴的转频及其倍频。调频信号的时域及频域如图 1-6 所示，由频域可以看出，调制后的信号频率较为复杂，瞬时频率随调制信号的变化而变化。

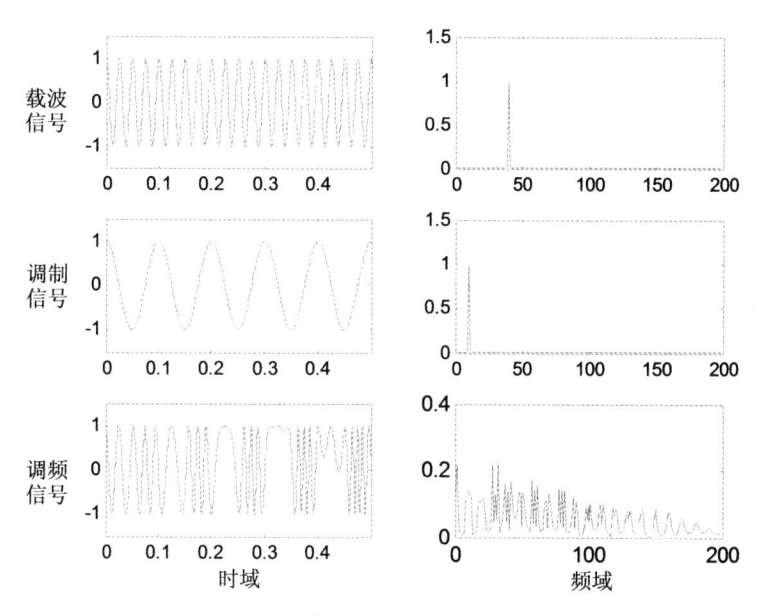

图 1-6 故障齿轮调频信号特征

实际的齿轮发生故障时，振动信号往往是幅度调制与频率调制或相位调制并存，如齿轮发生磨损、裂纹等故障时，调幅和调相同时存在，其振动信号包含啮合频率及其倍频、转轴频率及其倍频、衰减振动频率和密集的各种边频成分等。可将其振动信号模型综合表达为

$$X_C(t) = \sum_{m=0}^{M} A_m [1 + a_m(t)] \cos(2\pi m f_z t + \varphi_m + b_m(t)) \quad (1-8)$$

式中：$a_m(t)$ 和 $b_m(t)$ 分别为第 m 阶倍频幅值调制函数和相位调制函数

$$\begin{cases} a_m(t) = \sum_{n=0}^{N} A_{mn} \cos(2\pi n f_r t + \alpha_{mn}) \\ b_m(t) = \sum_{n=0}^{N} B_{mn} \cos(2\pi n f_r t + \beta_{mn}) \end{cases} \quad (1-9)$$

式中：A_{mn} ——幅值调制函数的第 n 阶幅值；

α_{mn} ——幅值调制函数的第 n 阶分量的相位；

B_{mn} ——相位调制函数的第 n 阶幅值；

β_{mn} ——相位调制函数的第 n 阶分量的相位。

1.2 振动分析诊断技术的研究现状

振动分析诊断技术，借助于各种类型的振动传感器或测振仪对设备的振动信号进行采集，并利用先进的信号处理技术对故障特征成分进行提取或分类，进而确定设备故障类型。从20世纪50年代开始，一方面，美国、丹麦、德国、日本等发达国家成功研制了多种性能优良的传感器和测振仪，为振动分析诊断技术提供了硬件基础；另一方面，随着电子计算机快速推广到工程和科研领域，不同的旋转机械工作状态监测系统也得以成功开发，如以美国BENTLY公司的3300系列和丹麦B&K公司的2520型为代表的振动监测系统具有在线监测和故障识别的功能，具有较高的水平。[①] 我国开展基于振动分析的在线状态监测系统的研究起步于20世纪80年代中后期，在此之前该项技术都从国外引进。20世纪80年代末，国内有关研究机构陆续在理论研究、测试技术和仪器研制方面，取得了一些可喜的成果，并开发出相应的机械设备状态监测系统。

作为机械设备故障诊断的最常用方法，振动分析诊断技术具有诊断速度快、精度较高、故障点定位准确和可在线监测等优点，被国内外学者广泛应用到机械设备的故障诊断系统中，目前也是该领域的主流方法。振动分析诊断技术主要有三个步骤：一是设备振动信号采集；二是振动信号中故障特征提取；三是故障特征的模式识别和人工智能诊断。其中，故障特征提取是关键，能否准确提取故障敏感信息直接关系到故障诊断的准确性。截至目前，国内外学者已提出数十种故障特征提取及诊断方法，这些方法可归为两大类：一类是基于故障特征频率识别的诊断方法；另一类是基于模式分类的诊断方法。

基于故障特征频率识别的诊断方法，利用机械设备易发生故障的关键部

---

① 刘瑞扬，王毓民. 铁路货车滚动轴承早期故障轨边声学诊断系统原理及应用[M]. 北京：中国铁道出版社，2005.

第1章 故障特征提取基础

件(如轴承、齿轮等)的故障特征频率的不同确定故障类别。根据机械故障振动机理,设备工作在不同故障类型下,采集的振动信号的频谱分布不同,如果频谱中最大峰值处对应的频率值等于部件的某个理论故障特征频率,则认为该部件发生了或即将出现这种故障。基于故障特征频率识别的诊断方法,一般先从振动信号提取出故障特征成分,再利用傅里叶变换或 Hilbert 包络谱变换对提取的故障特征成分进行频谱分析,进而确定故障类型。近二十年,国内外学者提出了多种属于该类的诊断方法,如傅里叶分析、小波分析、共振解调分析、随机共振、经验模态分解(empirical mode demposition,EMD)、S 变换、稀疏分解方法等,这些方法利用对提取的故障特征成分进行频谱分析以确定故障类型。

基于模式分类的诊断方法,先利用已知故障类型的训练样本信号集构建一个故障诊断决策器,再对未知故障类型的测试样本信号进行测试,根据决策器的输出判断该测试样本的故障类型。与基于故障特征频率识别的诊断方法相比,基于模式分类的诊断依据不再是单个样本的故障特征频率值,而是样本与样本之间的聚类关系。根据故障振动机理,不同故障类型振动信号的统计量是有区别的,这些统计量可以是时域量、频域量或是时频域量,提取出最具显著性的特征向量是基于模式分类诊断方法的前提。目前,常用于提取故障特征向量的方法有独立成分分析(independent component analysis,ICA)、主成分分析(principal components analysis,PCA)、稀疏成分分析(spanse principal component anolysis,SCA)、流形学习(manifold learning)以及基于小波包变换(warelet packet tranfrm,WPT)特征向量提取方法等。同时,故障诊断决策器的建立是基于模式分类诊断方法的关键,常用于故障诊断决策器的有线性判别分析(linear disorimihant analysis,LDA)、支持向量机(support vector machine,SVM)、人工神经网络(artificial neural network,ANN)以及最近几年刚被提出的稀疏表示分类器(sparse representation classifier,SRC)等。

针对机械设备故障诊断,国内外提出的这两大类方法在实际应用中各有优缺点。基于故障特征频率识别的诊断方法可以凭借单个振动信号样本即能确定故障类型,但前提是已知故障部件的特征频率。事实上,一方面,在有些大型的机械设备中故障部件深埋在设备内部，无法确定其具体型号或参数；另一方面，振动信号不是在恒转速的工况下采集得到的，因此特征频率不是固定值，就需要采用变转速的诊断技术，如国内湖南大学于德介教授课题组提出基于线调频小波路径追踪的变转速机械故障诊断方法，取得了良好的效果。[①] 基于模式分类的诊断方法利用样本与样本之间的关系确定故障类型，避免了故障特征频率的求解，但建立故障诊断决策器需要大量的已知故障类型的样本信号集，这就要求事先对机械设备故障类型进行标定，采集并储存大量的已知样本信号。

从具体的诊断方法来看，基于特征频率识别的诊断方法中，傅里叶变换、小波变换、时频分析、S变换等方法利用参数化的基函数对振动信号进行内积运算，根据变换系数确定故障特征成分进而确定故障类型，取得了许多可喜的成果，但参数化的基函数有时并不能完全提取出故障特征成分；经验模态分解(empirical mode decompositibn，EMD)及基于时域分解的方法(如：局部均值分解(local mean decomposing LMD)等)虽然具有分解非平稳信号的优点，但存在模式混叠和端点效应的缺点；共振解调技术常用于故障特征频率识别中，但识别效果受噪声强度的影响较大。基于模式分类的诊断方法中，LDA具有理论成熟、识别率高的优点，但其只能分类线性可分的问题；ANN可分类非线性问题，但其网络节点配置参数往往难以确定；近些年，SVM由于利用统计学习理论，在信号分类、人脸识别、图像识别等领域表现出良好的性能并得到广泛应用，但在处理大样本数据和多分类问题时，需要花费大量的计算时间，这对实时性要求高的旋转机械故障诊断技术是不利的。

---

① 陈向民，于德介，罗洁思.基于线调频小波路径追踪阶比循环平稳解调的齿轮故障诊断[J]. 机械工程学报，2012，48(3)：95-101.

第 2 章 振动故障稀疏特征提取技术

在传统的信号处理方法中，傅里叶变换将信号表示为一组正余弦基的线性组合。小波变换将信号表示为小波基的线性组合，然而，由于两者基函数的正交性，完整地表示一个信号需要大量基函数，这给数据存储和计算带来不便。信号的稀疏表示理论，利用过完备冗余的字典基取代传统方法中的正交基，使得仅需少量最佳基函数即可恢复出原信号成为可能，极大地提高了信号表示的灵活性和简洁性，为信号的稀疏表达提供了新的方法和方向。

2.1 信号稀疏表示理论

假定函数集合 $\mathbf{D}=\{\boldsymbol{g}_k, k=1,2,\cdots,K\}$，$(K \gg N)$ 可张满整个 Hilbert 空间 $\mathbf{R}^N$，且 $\|\boldsymbol{g}_k\|_2=1$，则称 $\mathbf{D}$ 为过完备冗余字典、g_k 为原子。对于一个给定长度为 N 的一维信号 $x \in R^N$，在字典 $\mathbf{D}$ 上可表示为

$$\hat{\boldsymbol{x}} = \sum_{k=1}^{K} \alpha_k \boldsymbol{g}_k = \mathbf{D}\boldsymbol{\alpha} \tag{2-1}$$

$$\alpha_k = <\mathbf{x}, \mathbf{g}_k> \tag{2-2}$$

其中，$<,>$ 表示内积运算；a_k 为 x 与 g_k 的内积运算系数；$\boldsymbol{\alpha}$ 为 x 在 $\mathbf{D}$ 上的展开系数向量。一方面，当逼近误差 $\|x-\hat{x}\|_2^2$ 足够小时，则认为 $\mathbf{D}$ 中原子的线性组合完整地表示了 x；另一方面，由于 $K \gg N$，所以字典是过完备的，$\mathbf{D}$ 中原子的正交性不再保证，因此，展开系数向量 $\boldsymbol{\alpha}$ 的解不是唯一的，即待

观测信号 x 在字典 D 上的表示不是唯一的。在满足逼近误差基础上，找到非零元素最少的一个解向量，即为信号的最稀疏表示，等价于求解下述问题：

$$\min \|\boldsymbol{\alpha}\|_0 \; s.t. \; \|\boldsymbol{x} - \boldsymbol{D\alpha}\|_2^2 < \varepsilon \tag{2-3}$$

其中，$\|\boldsymbol{\alpha}\|_0$ 表示解向量 $\boldsymbol{\alpha}$ 中非零元素的个数。

围绕着信号的稀疏表示问题，国内外主要展开两方面的研究：稀疏系数的求解和字典的构造。[①] 下面分别予以论述。

2.1.1 稀疏系数求解算法

稀疏系数的求解是信号稀疏表示的重要内容。随着稀疏理论的不断发展与完善，稀疏系数的求解算法越来越多，根据稀疏模型优化方法的不同分为两类：凸松弛算法和贪婪算法。凸松弛算法的主要思想是利用凸的或更容易求解的稀疏度量函数代替非凸的 L0 范数（如(2-3)式），如基追踪（basis pursuit，BP）方法用 L_1 范数取代 L_0 范数。贪婪算法的主要思想是每次迭代选择一个局部最优解来逐步逼近原始信号，如应用广泛的匹配追踪（matching pursuit，MP）和正交匹配追踪（orthogonal matching pursuit，OMP）等算法均属于该类。

1. 匹配追踪算法 MP

MP 算法最早由 Mallat 和 Zhang 于 1993 年提出[②]，其基本过程：每次迭代在过完备字典中筛选一个与残余信号内积最大的原子，求出残余信号在该原子逼近下的残差，并将其作为新的残余信号放到下次迭代运算中，直到逼近误差达到要求迭代结束。MP 一经提出便在信号处理领域得到了快速应用。

假设字典 $\boldsymbol{D} = \{\boldsymbol{g}_k, k=1, 2, \cdots, K\}$，且 $\|\boldsymbol{g}_k\|_2 = 1$，首先筛选出与待观测信号 x 内积最大的原子，即

$$|<\boldsymbol{x}, \boldsymbol{g}_{k_1}>| = \max|<\boldsymbol{x}, \boldsymbol{g}_k>| \tag{2-4}$$

则 x 在原子 $\boldsymbol{g}_{k_1}$ 的逼近下可表示为

$$\boldsymbol{x} = <\boldsymbol{x}, \boldsymbol{g}_{k_1}>\boldsymbol{g}_{k_1} + R^1 \boldsymbol{x} \tag{2-5}$$

---

① 严保康. 低速重载机械早期故障稀疏特征提取的研究[D]. 武汉：武汉科技大学，2014.
② Mallat S. G., Zhang Z. Matching pursuits with time-frequency dictionaries [J]. IEEE Transactions on Signal Processing. 1993，41(12)：3397-3415.

第 2 章 振动故障稀疏特征提取技术

$R^1 x$ 为 x 在 g_{k_1} 逼近下的残差。下次迭代以 $R^1 x$ 为待观测信号，即

$$R^1 x = <R^1 x, \, \boldsymbol{g}_{k_2}> \boldsymbol{g}_{k_2} + R^2 x \tag{2-6}$$

其中，$R^2 x$ 为 $R^1 x$ 在 $\boldsymbol{g}_{k_2}$ 逼近下的残差，且 $\boldsymbol{g}_{k_2}$ 满足

$$|<R^1 x, \, \boldsymbol{g}_{k_2}>| = \max|<R^1 x, \, \boldsymbol{g}_k>| \tag{2-7}$$

以此规律进行迭代，迭代 M 次后，原观测信号 x 分解为

$$x = \sum_{m=1}^{M} <R^{m-1} x, \, \boldsymbol{g}_{k_m}> \boldsymbol{g}_{k_m} + R^M x \tag{2-8}$$

其中，$R^0 x = x$。判断若 $\|R^M x\|_2^2$ 小于设定的值，则迭代结束，否则继续。

2. 正交匹配追踪算法 OMP

MP 算法中，信号残差随着迭代次数的增加而逐渐减少，但由于每次迭代观测信号在所选定原子的投影是非正交的，因此，达到分解结束的条件需要许多次迭代运算，收敛速度较慢。为加快收敛速度，Pati 提出了 OMP 算法[1]，其主要思想：沿用 MP 算法的原子选择准则，每次迭代把观测信号重新正交投影到已选原子集合上，以保证迭代的最优性。即在 MP 算法基础上，投影系数变为

$$\boldsymbol{\alpha}^t = \boldsymbol{\Phi}_{\Gamma t}^{\dagger} x \tag{2-9}$$

其中，$\boldsymbol{\Phi}_{\Gamma t}$ 为第 t 次迭代已选的原子集合，而 $\boldsymbol{\Phi}_{\Gamma t}^{\dagger} = (\boldsymbol{\Phi}_{\Gamma t}^T \boldsymbol{\Phi}_{\Gamma t})^{-1} \boldsymbol{\Phi}_{\Gamma t}^T$ 为 $\boldsymbol{\Phi}_{\Gamma t}$ 的伪逆矩阵。OMP 算法的基本流程如表 2-1 所示。

---

[1] Pati Y. C., Rezaiifar R, Krishnaprasad P. S. Orthogonal matching pursuit: Recursive function approximation withapplications to wavelet decomposition [J]. Conference Record of the Twenty-seventh Asilomar Conference on Signals, Systems and Computers, 1993: 40-44.

表 2-1　OMP算法基本流程

输入：观测信号 x 和字典 D
(1)初始化：$r^0=x$，迭代次数 $t=1$，系数 $\alpha^0=0$，原子索引 $\Gamma^0=\varnothing$，原子集合 $\Phi_{\Gamma^0}=\varnothing$
(2) while　//迭代结束条件不满足
(3) $\gamma^t = \arg_\gamma \max \lvert \mathbf{D}^T \mathbf{r}^{t-1} \rvert$　//找出最佳原子索引
(4) $\mathbf{\Gamma}^t = \mathbf{\Gamma}^{t-1} \bigcup \gamma^t$，$\mathbf{\Phi}_{\Gamma t} = \mathbf{\Phi}_{\Gamma t-1} \bigcup g_{\gamma t}$ //更新已选原子集合
(5) $\mathbf{\Phi}_{\Gamma t}^\dagger = (\mathbf{\Phi}_{\Gamma t}^T \mathbf{\Phi}_{\Gamma t})^{-1} \mathbf{\Phi}_{\Gamma t}^T$，$\alpha^t = \mathbf{\Phi}_{\Gamma t}^\dagger x$ //更新系数
(6) $r^t = r^{t-1} - \mathbf{\Phi}_{\Gamma t} \alpha^t$ //更新信号残差
(7) $t=t+1$ //更新迭代次数
(8) end
输出：已选原子集合 $\mathbf{\Phi}_{\Gamma t}$，稀疏系数 α^t，最后残差 r^t

2.1.2　字典构造方式

信号的稀疏表示要求使用字典中少量原子的线性组合即可表示出原信号，因此，构造适合信号特征的字典是实现信号稀疏表示的必然要求。如何高效准确地构造字典是人们研究稀疏理论的另一个重要问题。近年来，学者们提出了多种字典，根据构造方式的不同可将其分为两类：预定义字典和学习型字典。

1. 预定义字典

利用解析函数构造的参数化字典，称为预定义字典，如离散余弦字典、小波字典、小波包字典、Gabor 字典、Chirplet 字典、FMmlet 字典等。该类字典具有理论成熟、构造简单、计算高效等优点，但在具体应用中可能存在对信号的适应性差的问题。以 Gabor 字典为例，阐述预定义字典的构造方式。Gabor 字典是最常用于稀疏分解的字典之一，其原子定义为

$$g_\gamma(t) = \frac{1}{\sqrt{s}} g\left(\frac{t-u}{s}\right) \cos(vt+w) \qquad (2\text{-}10)$$

每个原子由四个参数决定的，即

第2章 振动故障稀疏特征提取技术

$$\gamma = (s, u, v, w)$$

其中，s 为尺度因子；u 为位移因子；v 为频率因子；w 为相位因子。$g(t) = e^{-\pi t^2}$ 为高斯窗函数。具体应用中通常将 γ 离散化为 $(2^j, p, kN/2\pi, i\pi/6)$，其中，$0 < j < \log_2 N$、$0 \leqslant p \leqslant N-1$、$0 \leqslant k \leqslant N-1$、$0 \leqslant i \leqslant 12$，$N$ 为待观测信号的长度。

对于一个长度为 N 的观测信号，建立的 Gabor 字典中原子的个数为 $L = 12N^2 \log_2 N \gg N$，时频参数 γ 张满了整个 Hilbert 空间，因此，Gabor 字典为过完备字典。同时，Gabor 原子的傅里叶变换也是一个高斯型的窗函数，具有良好的时频聚焦性。基于上述两方面优点，Gabor 字典在信号的稀疏表示领域得到了广泛的应用。

2. 学习型字典

上述的预定义字典虽然具有理论和算法成熟的优点，但其存在对信号适应性不足的缺点。例如，当构造的预定义字典原子结构与待观测信号的结构不相似时，原子对信号的匹配能力较差，就会导致观测信号不能被稀疏地表示。学习型字典，从待观测信号出发，通过学习训练方式自适应的构造出最能匹配信号内在结构的原子库，弥补了预定义字典适应性不足的缺点，近几年在信号和图像处理中得到了快速发展和应用。

常用的字典学习算法有 K 均值奇异值分解（K‧singulor value decomposition，-SVD）、最优方向法（method of optimal directions，MOD）、在线字典学习（online dictionary learning，ODL）等。其中，K-SVD 作为一种经典的字典学习算法，具有理论成熟、匹配精度高等优点，这里对其算法进行阐述，为后续章节的"基于字典学习的早期故障稀疏特征提取"打下基础。

K-SVD 的核心思想是通过求解稀疏约束问题和字典的奇异值，实现稀疏系数与字典的交替更新，主要包括以下步骤：

(1) 初始化字典 $\boldsymbol{D}_0$，使其每个原子的 $\boldsymbol{L}_2$ 范数为单位 1；

(2) 固定字典 $\boldsymbol{D}$，利用 OMP 稀疏分解算法，求解稀疏系数矩阵 $\boldsymbol{\alpha}$，即：

$$\min \|\boldsymbol{x}_i - \boldsymbol{D}_i \boldsymbol{\alpha}_i\|_2^2 \text{ s.t. } \|\boldsymbol{\alpha}_i\|_0 < T \tag{2-11}$$

其中，$\boldsymbol{x}_i$ 为第 i 个训练样本信号。

(3) 固定稀疏系数矩阵 $\boldsymbol{\alpha}$，更新字典 $\boldsymbol{D}$。字典的更新逐列进行，现假设要

更新字典的第 k 列 $\bm{g}_k$，令系数矩阵 $\bm{\alpha}$ 中 $\bm{g}_k$ 所对应的第 k 行为 $\bm{\alpha}_T^k$，计算

$$\bm{E}_k = \bm{x} - \sum_{j \neq k} \bm{g}_j \bm{\alpha}_T^j \tag{2-12}$$

抽取矩阵 $\bm{E}_k$ 中 $\bm{\alpha}_T^k$ 所有元素不为零对应的列向量，组合成矩阵 $\bm{E}_k^R$，将 $\bm{E}_k^R$ 奇异值分解为 $\bm{U}\bm{\Delta}\bm{V}^T$，则将 $\bm{g}_k$ 更新为 $\bm{U}$ 中首列。按此规律将字典 $\bm{D}$ 所有列更新一遍后，本次字典更新结束；

(4) 重复步骤(2)和(3)，直到达到预定的迭代结束条件。

K-SVD 利用奇异值分解算法实现了字典按列逐个更新，相比于 MOD 方法具有较高的计算效率，因此广泛应用于信号和图像处理中。

2.2　基于稀疏表示的机械故障特征提取方法

上章分析了机械设备易发生故障的部件——轴承或齿轮的故障信号特征。滚动轴承发生局部故障时，其故障特征以周期性的衰减震动冲击序列呈现，冲击序列的幅度随着故障类型的不同发生一定的调制；齿轮发生局部故障时，其故障特征以啮合频率周围的边频带形式呈现，边频带的宽度在一定程度上反映了故障类型。由于设备工况环境干扰和噪声的影响，采集的振动信号通常是包含强背景噪声的多成分非平稳信号，而反映滚动轴承和齿轮故障类型的特征成分湮没其中，因此，准确提取故障特征成分是实现机械故障诊断的前提。

2.1 节中稀疏表示理论研究表明：信号可稀疏地表达为具有一定结构特征原子的线性组合形式。这意味着信号可通过稀疏表示理论分解为一些具有一定结构特征的信号成分。滚动轴承和齿轮等机械部件发生故障时，其故障特性成分与非故障特征成分在结构形态上有明显的区别，这种区别表现为"瞬态性"和"稀疏性"。因此，在故障特征提取方面，在构造了与故障特征成分结构形态相似的字典基础上，通过机械设备振动信号的稀疏分解，根据稀疏系数实现故障特征的有效提取。在诊断方法方面，机械设备各部件发生不同的故障类型时，其故障特征具有明显的差异，若能有效利用具有差异性的特征向

第 2 章 振动故障稀疏特征提取技术

量,并借助于稀疏表示的引申理论——稀疏分类方法,就可实现基于模式分类的机械故障诊断。

要实现稀疏特征提取,准确构造出与故障特征成分结构相似的字典是前提。传统的参数化预定义字典(如 Gabor、小波基等)具有构造简单、具备解析性及理论成熟等优点,然而,事先预定义的字典缺乏对故障特征成分的自适应能力,其匹配的精度有时并不能满足要求。本章提出基于字典学习的早期故障稀疏特征提取方法,利用改进型 K-SVD 对已知故障类型的振动信号进行训练,克服学习型字典的构造效率低的问题。对待测故障类型的振动信号进行稀疏分解时,以重构成分的峭度值最大原则作为分解迭代终止条件,实现故障特征与噪声成分的有效分离。该方法在满足机械故障诊断的实时性要求前提下,其对早期故障成分提取效果较参数化的预定义字典具有更高的匹配精度,为机械部件低速运转下的早期故障特征提取提供了一种新方法。

2.2.1 特征提取原理

现假设测取的设备振动信号为 y,其包含故障特征成分 x 和与 x 结构形态不同的其他成分 v:

$$y = x + v \tag{2-13}$$

其中,x,y,$v \in \mathbf{R}^N$,则 y 在字典 $\mathbf{D} = [\mathbf{g}_1, \mathbf{g}_2, \cdots, \mathbf{g}_K] \in \mathbf{R}^{N \times K}$($K \gg N$,$\|\mathbf{g}_i\|_2^2 = 1$,$i = 1, 2, \cdots, K$)上稀疏分解可表示为:

$$y = \sum_i <x, \mathbf{g}_i> \mathbf{g}_i + \sum_j <v, \mathbf{g}_i> \mathbf{g}_j + \varepsilon \tag{2-14}$$

其中,ε 为信号的残差;$<,>$ 表示内积运算。

若字典 $\mathbf{D}$ 中原子的形状特征与故障特征成分 x 相似,则 x 与原子库具有较强的相关性,稀疏分解时其在相似原子上投影系数较大,可通过少量原子的线性组合即可较好逼近,系数表现为稀疏性;由于 $\mathbf{D}$ 中原子的形状特征与 v 不相似,与 $\mathbf{D}$ 中原子表现为弱相关性,稀疏分解时在原子上投影系数较小,需要较多原子才能较好逼近,系数表现为非稀疏性。当用匹配追踪类算法对振动信号 y 在过完备字典上进行稀疏分解时,故障特征成分 x 得以优先分解,而 v 最后才得以分解。因此在稀疏分解中,如果能准确判别分解 x 和 v 的迭代分界点,并以此迭代分界点作为稀疏分解的终止条件,就可将 x 从 y 中有效提取出来。

如何准确找到稀疏分解的终止条件呢？通常做法：将稀疏分解后的信号残差与某个阈值 T 比较(如(2-15)式)，若残差小于阈值，迭代终止，一般 T 取为$(1.1\sim1.2)$倍噪声方差。

$$\hat{\boldsymbol{\alpha}} = \arg\min_{\boldsymbol{\alpha}} \|\boldsymbol{\alpha}\|_0 \text{ s. t. } \|\boldsymbol{D\alpha} - \boldsymbol{y}\|_2^2 \leqslant T \tag{2-15}$$

其中，$\boldsymbol{\alpha}$ 为稀疏系数向量；$\|\boldsymbol{\alpha}\|_0$ 表示 $\boldsymbol{\alpha}$ 的非零元素个数。然而，振动信号的噪声方差往往难以准确估计出来，阈值设置太大会引入噪声，设置太小会丢失特征成分，因此，将噪声方差作为稀疏分解的终止条件在实际中难以奏效。

峭度作为一种时域统计量，可描述波形尖峰程度。正常工况下的设备振动信号峭度值约为 3；而设备出现故障时，振动信号中的瞬态特征成分对峭度的影响非常显著，峭度值明显大于 3。因此，本章利用峭度值对瞬态特征成分的敏感性，将峭度引入设备早期故障的稀疏特征提取中，稀疏分解迭代过程表示为

$$\hat{\boldsymbol{\alpha}} = \arg\min_{\boldsymbol{\alpha}} \|\boldsymbol{D\alpha} - \boldsymbol{y}\|_2^2 \text{ s. t. } \begin{cases} \|\boldsymbol{\alpha}\|_0 \leqslant \Gamma \\ \forall i, K(\boldsymbol{D\alpha}) \geqslant K(\boldsymbol{D\alpha}^i) \end{cases} \tag{2-16}$$

其中，Γ 和 i 分别为稀疏度和迭代次数；$K(\cdot)$ 为求峭度。在(2-16)式的提取模型中：最小项 $\|\boldsymbol{D\alpha} - \boldsymbol{y}\|_2^2$ 保证了稀疏分解过程中提取的特征分量对原振动信号的保真性；约束项 $\|\boldsymbol{\alpha}\|_0 < \Gamma$ 保证了 $\boldsymbol{\alpha}$ 的稀疏性；约束性 $K(\boldsymbol{D\alpha}) \geqslant K(\boldsymbol{D\alpha}^i)$ 保证了最终提取的特征分量的峭度是最大的。

2.2.2 改进型 K-SVD 字典学习算法

对于给定的信号样本矩阵 $\boldsymbol{X} = [\boldsymbol{x}_1, \boldsymbol{x}_2, \cdots, \boldsymbol{x}_m] \in \mathbf{R}^{n \times m}$ 来说，字典学习的目标就是找到一个字典 $\boldsymbol{D}$，既使得 $\boldsymbol{D}$ 中原子的线性组合尽可能逼近 $\boldsymbol{X}$，又使得这种组合系数是稀疏的，因此，可将字典学习的目标函数表达为

$$\arg\min_{\boldsymbol{D}} \mu \|\boldsymbol{W}\|_0 + \|\boldsymbol{X} - \boldsymbol{DW}\|_2^2 \tag{2-17}$$

其中，$\boldsymbol{D} \in \mathbf{R}^{n \times K}$ 为训练学习的目标字典；$\boldsymbol{W} = [\boldsymbol{w}_1, \boldsymbol{w}_2, \cdots, \boldsymbol{w}_m]$ 为组合系数矩阵，其列向量 $w_i(i = 1, 2, \cdots, m)$ 为样本信号 $\boldsymbol{x}_i$ 的稀疏表示系数；$\mu \in (0, 1)$ 为正则化参数。(2-17)式中，$\|\boldsymbol{X} - \boldsymbol{DW}\|_2^2$ 保证了 $\boldsymbol{D}$ 中原子的线性

第 2 章　振动故障稀疏特征提取技术

组合对 X 的逼近性，$\|W\|_0$ 保证了组合系数的稀疏性。

在 K-SVD 字典学习算法中，稀疏编码－字典更新交替进行，通过循环执行这两步构造出最能匹配给定信号的字典。K-SVD 算法的执行过程可总结如下。

步骤 1：初始化字典 D 和最大循环次数 J。步骤 2：利用 OMP 算法求解系数矩阵 W。步骤 3：固定 W，根据奇异值分解逐个更新原子。步骤 4：重复执行步骤 2 和步骤 3，直到逼近误差小于设定值或达到循环次数结束。可以看出，字典更新阶段，K-SVD 算法利用奇异值分解逐个更新每个原子，使得字典更新的计算开销较大，完成字典训练的时间较长，这对实时性要求较高的机械设备故障诊断是不利的。因此，本章采用改进型 K-SVD 算法以加快字典更新的速度，提高字典学习效率。

在字典更新阶段，改进型 K-SVD 算法不再对全部原子组成的矩阵进行奇异值分解，而是根据迭代中字典索引集合元素个数情况进行部分奇异值分解，这就大大减少了计算开销。改进型 K-SVD 算法的字典更新步骤如下。

步骤 3.1：令计数器 $j=1$ 和集合 $U=\{1, 2, \cdots, m\}$，并随机排序字典 D 中的原子，随机排序后的原子序号记为 $rperm = randperm(K)$。

步骤 3.2：取 $h = rperm(j)$，找出矩阵 W 中第 h 行值不为 0 的元素，将这些元素对应的序号记为集合 $I_h = \{\ell \mid W(h, \ell) \neq 0\}$；

步骤 3.3：若 W 中第 h 行元素的值全为 0，即集合 $I_h = \varnothing$，则在集合 U 中找到一个元素 ind，使以其为序号的信号逼近误差最大，即

$$ind = \underset{i \in U}{\arg\max} \|X(i) - DW(i)\|_2 \tag{2-18}$$

更新第 h 个原子为

$$D(h) = X(ind) / \|X(\text{ind})\|_2 \tag{2-19}$$

$$U = U - \{\text{ind}\} \tag{2-20}$$

步骤 3.4：若 W 中第 h 行元素的值不全为 0，即集合 $I_h \neq \varnothing$；则对于任意 $\ell \in I_h$，计算逼近残差列向量

$$E_h(\ell) = X(\ell) - \sum_{i=1, i \neq h}^{K} D(i) W(i, \ell) \tag{2-21}$$

并将这些逼近残差列向量依次组合成矩阵 E_h，求出最接近 E_h 且秩为 1 的

矩阵 A_h 和 A_h 的两个奇异值分解向量 $p \in R^C$ 和 $D \in R^n$，即：

$$\begin{cases} A_h = \arg\min_A \|E_h - A\|_F \, s.t. \, \text{rank}(A) = 1 \\ A_h = d \cdot p^T \end{cases} \quad (2\text{-}22)$$

其中：C 为集合 I_h 非零元素个数，$\|d\|_2 = 1$。更新第 h 个原子为

$$D(h) = d \quad (2\text{-}23)$$

更新矩阵 W 第 h 行的非零元素为 p 中对应的值，即

$$\{W(h, \ell) \mid \ell \in I_h\} = p \quad (2\text{-}24)$$

步骤 3.5：令计数器 j 增 1，判断 $j > K$ 是否成立，若成立，说明原子已更新一遍，执行步骤 3.6，否则继续更新下一个原子，即掉转至步骤 3.2。

步骤 3.6：依次求解 D 中各原子 $D(j)(j=1, 2, \cdots, K)$ 与其他原子的互相关系数，若互相关系数绝对值的最大值比设定的阈值 ρ_{th} 大，即

$$\rho_{\max}(j) = \max\{|\langle D(j), D(i) \rangle| \mid i = 1, 2, \cdots, K, i \neq j\} > \rho_{th}$$

$$(2\text{-}25)$$

则让该原子以 (2-19) 式更新，否则，该原子保持不变。

可以看出，改进型 K-SVD 算法在字典更新阶段根据系数矩阵 W 对应行元素是否为零，选择不同的字典更新方式，若对应行元素全为零，则直接以逼近误差最大的样本信号归一化向量为更新原子；若对应行元素不全为零，则仅计算由部分逼近残差列向量组合成的矩阵奇异值向量，提高了字典训练效率。

2.2.3 特征提取步骤

对于一定长度的机械设备振动信号，要利用学习型的字典对其进行故障稀疏特征提取，首先需要收集训练样本信号，通过字典学习算法获取稀疏分解的字典，再将设备振动信号在该字典上以 (2-16) 式为模型进行稀疏分解，利用求得的稀疏系数与字典的组合提取故障特征成分。

在字典训练阶段，首先利用改进型 K-SVD 字典学习算法对样本信号矩阵 $X = [x_1, x_2, \cdots, x_m] \in R^{n \times m}$ 进行训练，以获得字典 D。字典 D 获得后，由于采集的机械振动信号的长度一般与原子的长度不相同，故需先对振动信

第2章 振动故障稀疏特征提取技术

号进行矩阵化处理。假定机械振动信号 y 的长度为 N，对其进行矩阵化处理：首先将 y 按一定的重叠率分割成一些列信号 y_1，y_2，$\cdots$，y_P，使每个列信号长度为 n，最后一个列信号 y_P 的长度不足 n 时，用 0 补齐；再将 y_1，y_2，$\cdots$，y_P 组合成矩阵 Y，即 $Y=[y_1，y_2，\cdots，y_P]$。

对振动信号 y 进行矩阵化处理后，利用 OMP 算法求解系数矩阵 W。求解 W 过程中，先设定总迭代次数为原子数的一半，对于每个列信号 $y_i(i \in \{1,2,\cdots,P\})$ 每次迭代都搜索一个与其内积最大的原子，并计算本次迭代逼近信号的峭度，执行完总的迭代次数后，找出峭度值达到最大时对应的迭代次数和逼近信号，并将对应的稀疏系数向量作为矩阵 W 中对应的列向量 w_i。

求取系数矩阵 W 后，提取的故障特征成分通过(2-26)式的优化问题求得

$$\hat{X} = \arg\min_{X} \eta \|Y-X\|_F^2 + \sum_{i=1}^{p} \frac{1}{2} \|DW(i) - X(i)\|_2^2 \qquad (2\text{-}26)$$

其中，η 是惩罚因子。显然，(2-26)式为二次优化问题，其解可表达为

$$\hat{X} = (2\eta Y + DW)/(1+2\eta) \qquad (2\text{-}27)$$

求得的 $\hat{X}$ 为矩阵形式，将其各列向量按相同的重叠率(重叠区取平均值)连接成起来，构成的一个一维信号。在(2-26)式的优化问题中，惩罚因子 η 对解有一定的影响，实际应用中，通过逐步搜索法找出最佳的 η 值，以保证求取的故障特征成分的峭度值最大。

综上所述，将基于字典学习的早期故障稀疏特征提取算法的步骤总结如下。

步骤1：收集训练样本信号，利用改进型 K-SVD 字典学习算法构造学习型字典 D。

步骤2：对机械设备振动信号 y 进行矩阵化处理，使其每个列信号长度与字典 D 的原子长度相同，

步骤3：利用 OMP 求取系数矩阵 W，使每个列信号的逼近信号峭度值最大，

步骤4：利用逐步搜索法找出最佳的惩罚因子 η 值，按照(2-27)式确定出特征成分矩阵 $\hat{X}$，

步骤5：将 $\hat{X}$ 各列向量按一定的重叠率连接成一个一维信号，重叠区取

平均值，所得的一维信号即为故障特征成分 x，

2.3 滚动轴承振动故障特征提取应用实践

将 2.2 节方法应用于旋转机械试验平台的早期故障特征提取中。以转动轴系中型号为 N205EM 的滚动轴承为试验对象，分别在其内环和外环加工小尺寸凹点以模拟早期故障。调节电机转速，使轴承转速为 300 r/min，考察所提方法对低速运转下的轴承故障特征提取效果。由 N205EM 轴承各参数和公式(1-1)(1-2)可分别算出内、外故障的理论特征频率为 $f_i = 35.7$ Hz 和 $f_o = 24.3$ Hz。

实验过程中，先采集正常无故障轴承 1 的振动信号，将该振动信号标记为 norm1；取下轴承 1，在其内圈滚道上加工一个小尺寸的凹点故障，在相同的负载和转速下采集振动信号，将其标记为 inner。取下内环故障轴承，安装上正常无故障的轴承 2，采集其振动信号并标记为 norm2；取下轴承 2，在其外圈滚道上加工一个小尺寸的凹点故障，在相同的负载和转速下采集振动信号，将其标记为 Outer。四段振动信号 1 s 时间段的时域波形如图 2-1 所示。

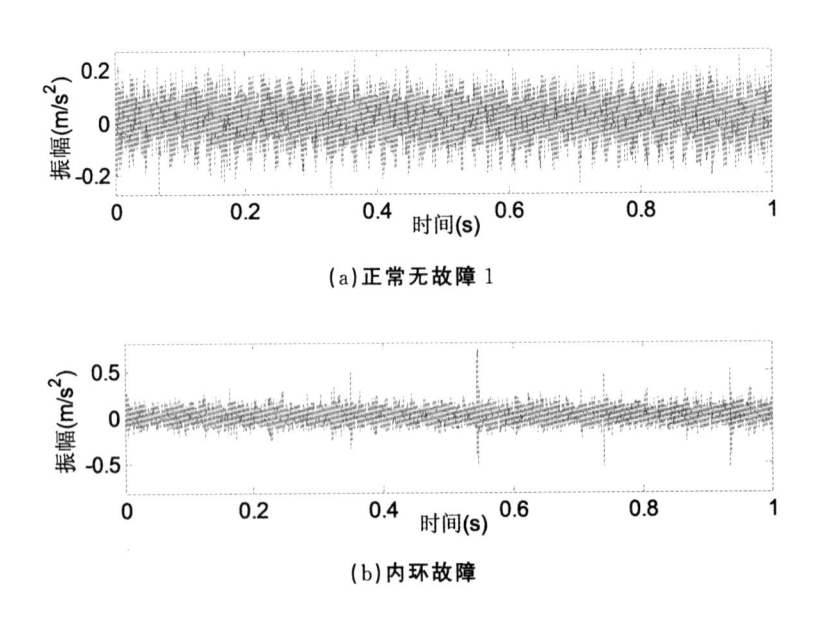

(a) 正常无故障 1

(b) 内环故障

第 2 章 振动故障稀疏特征提取技术

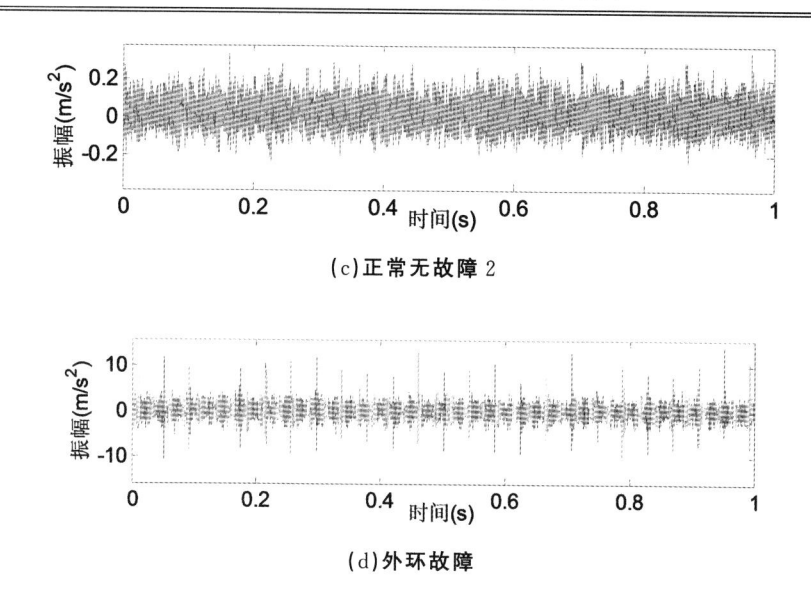

(c) 正常无故障 2

(d) 外环故障

图 2-1 采集的滚动轴承四段振动信号时域波形

由第 1 章滚动轴承振动机理可知，正常无故障轴承包含一些由各元件运动产生的固有振动，这些振动与元件钢性材质及尺寸等因素有关。在相同的转速及负载下，故障轴承除了固有振动及噪声外，还包含与转速有关瞬态冲击振动，是正常无故障下固有振动与瞬态冲击振动的叠加。因此，利用本章方法对内环故障和外环故障进行稀疏特征提取时，将相同工况下的故障信号与无故障信号的差值作为模板信号，以训练获取字典，即以 inner-norm1 为内环训练模板信号，以 outer-norm2 为外环训练模板信号。

在字典训练阶段，先将两段模板信号(inner-norm1 和 outer-norm2)进行矩阵化处理，即重叠分割成样本信号矩阵，重叠步长设定为 2 个采样点，每个样本信号长度设定为 8、16、32、64 和 128 五种情况。再进行初始化字典：设置原子总数为列信号数的一半，用(−1,1)区间的随机数初始化原子，保证每个原子长度与列信号长度相同，且具有单位 L_2 范数。训练次数和结束条件分别设置为 20 和 1e−5。以两模板信号的逼近信噪比 SNR 为衡量指标，确定最佳的样本信号长度。经改进型 K-SVD 训练后，内、外环的最佳样本长度均为 64，故选定原子长度为 64 个采样点的内、外环字典，如图 2-2 所示。

(a) 内环字典　　　　　　　　(b) 外环字典

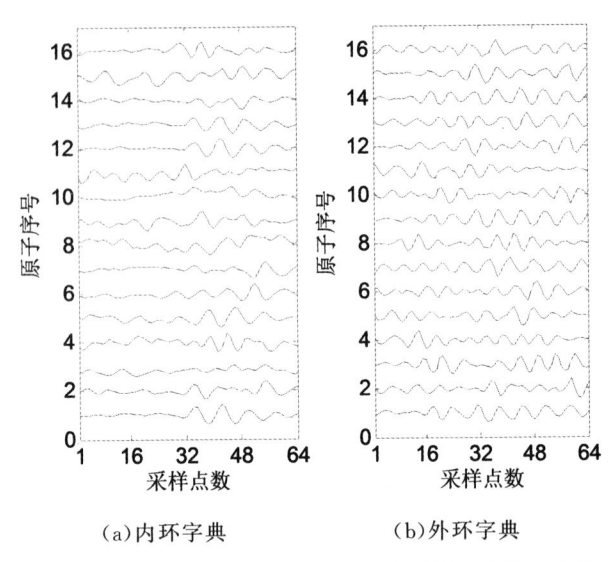

图 2-2　经改进型 K-SVD 算法训练出的轴承内外环字典

内、外字典获取后，利用本章方法对轴承内、外环故障信号（inner 和 outer）进行故障特征提取。稀疏编码前，分别对 inner 和 outer 信号进行矩阵化处理（即按重叠步长为 2，将其重叠分割成列信号长度为 64 点的信号矩阵）。设置总迭代次数为 20，将获取的内、外环信号矩阵在各自对应字典上利用 OMP 算法进行稀疏编码。编码过程中，计算并存储每次迭代后逼近信号的峭度值，总迭代执行完毕后，找到各列信号的具有最大峭度值时所对应的逼近信号和稀疏系数。

将各列信号的逼近信号峭度值达到最大时对应的稀疏系数向量依次按列组合，构成系数矩阵 W。设置惩罚系数 η 范围为 [0, 1]，递增值为 0.1，利用逐步搜索法搜索最佳的 η 值，使提取的内、外环故障特征成分的峭度值最大。经搜索发现，内、外环故障特征成分峭度值达到最大时对应的 η 分别为 0.3 和 0.2。图 2-3(a) 和图 2-4(a) 显示了峭度值达到最大时对应的内环故障特征成分时域波形及其 Hilbert 包络谱。图 2-5(a) 和图 2-6(a) 显示了峭度值达到最大时对应的外环故障特征成分时域波形及其 Hilbert 包络谱。可以看出，本章方法提取的轴承内、外环故障特征成分的时域周期性明显，根据 Hilbert 包络谱图上峰值处的频率值可准确判断故障类型。

第 2 章 振动故障稀疏特征提取技术

采用参数化的 Gabor 字典分别对该轴承内、外故障信号进行特征提取，同仿真实验一样，使用遗传算法进行优化匹配追踪，即 Gabor-MP 方法。提取的内、外故障特征时域波形分别如图 2.3(b) 和图 2.5(b) 所示，Hilbert 包络谱分别如图 2.4(b) 和图 2.6(b) 所示。

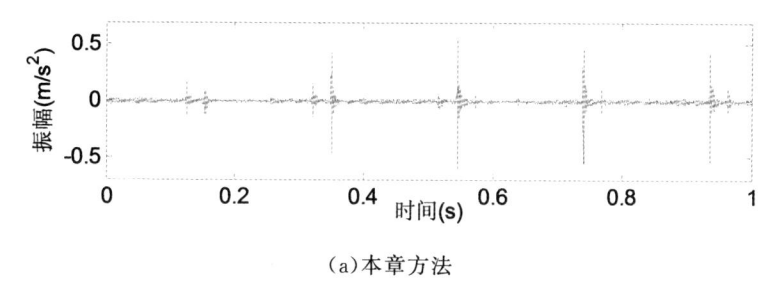

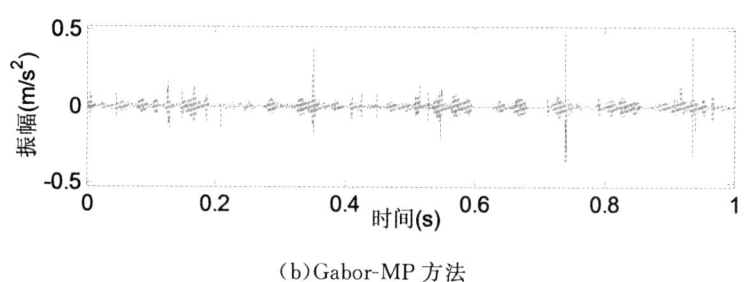

(a) 本章方法

(b) Gabor-MP 方法

图 2-3 两种方法提取的内环故障特征成分

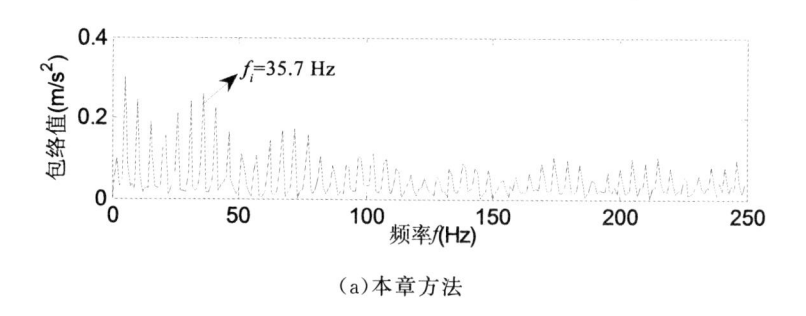

f_i=35.7 Hz

(a) 本章方法

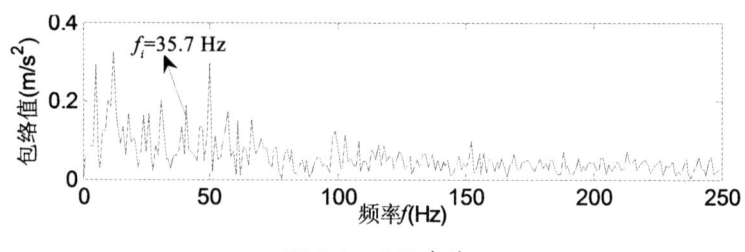

(b)Gabor-MP 方法

图 2-4　两种方法提取的内环故障特征 Hilbert 包络谱

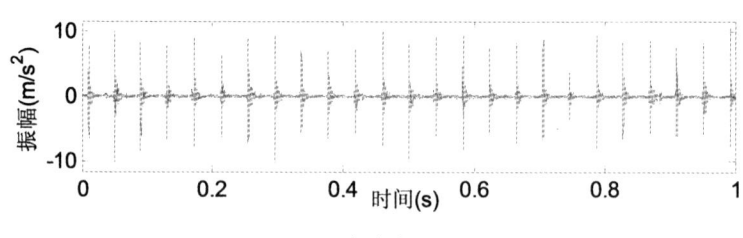

(a)本章方法

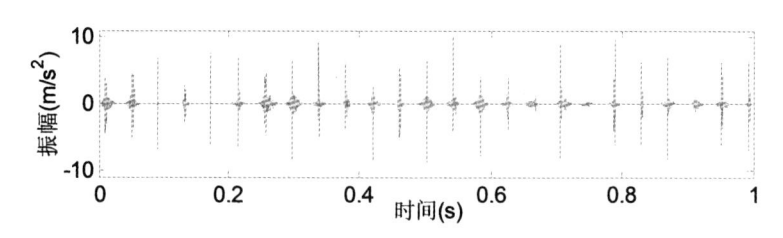

(b)Gabor-MP 方法

图 2-5　两种方法提取的外环故障特征成分

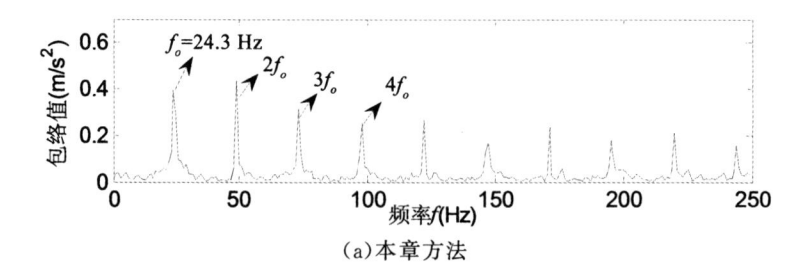

(a)本章方法

第 2 章 振动故障稀疏特征提取技术

（b）Gabor-MP 方法

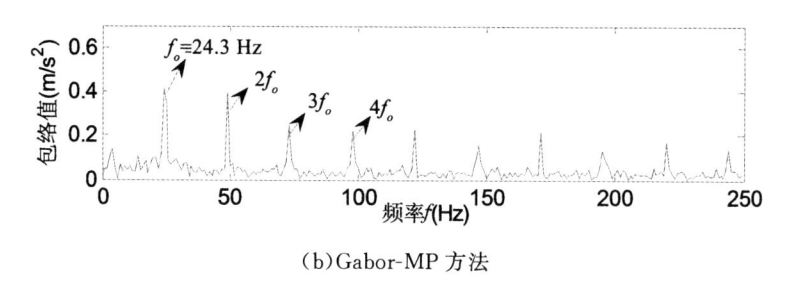

图 2-6　两种方法提取的外环故障特征 Hilbert 包络谱

不难看出，Gabor-MP 方法和本章方法 Hilbert 包络谱图上外环故障特征频率 $f_o=24.3$ Hz 及其倍频均突显；但对于特征频率为 $f_i=35.7$ Hz 的内环故障，Gabor-MP 方法 Hilbert 包络谱图上并不突显，而本章方法却能准确识别，体现了其比传统的参数化预定义字典具有更强的提取故障特征能力。

第3章 振动故障量子化稀疏特征提取技术

作为一种新人工智能算法,量子遗传算法[①](quantum genetic algorithm,QGA)结合了量子比特运算的并行性和遗传算法优势,利用量子比特进行染色体编码,以量子相位旋转和量子门操作进行染色体更新和变异,使得种群个体的多样性更加丰富,增强了原遗传算法的搜索能力和收敛速度。在原 QGA 基础上,发展起以量子比特概率幅为染色体的编码方式,如双链量子遗传算法(double chains quantum genetic algorithm,DCQGA)[②],Bloch 量子遗传算法(bloch quantum genetic algorithm,BQGA)[③]等。与原 QGA 相比,以量子比特概率幅为染色体的编码算法更加高效,避免了量子比特位从二进制数到实际参数优化过程中的编解码,因此,这类算法已快速应用到多个领域。现有基于量子比特概率幅为染色体编码的遗传算法,采用固定的旋转相位角或适应度梯度更新量子比特相位角作为进化策略,采用 NOT 门或其他门操作作为变异策略,具有较强的搜索能力和快速收敛性,但当搜索优化参数复杂情况下,采用适应度梯度和固定的门操作分别作为进化策略和变异策略缺乏一定的自适应性。

---

① Han K. H., Kim J. H., Quantum-inspired evolutionary algorithm for a class of combinatorial optimization[J]. IEEE Transactions on Evolutionary Computation. 2002, 6 (6): 580 - 593.

② Guo Qiang, Ruan Guoqing, Wan Jian. A Sparse Signal Reconstruction Method Based on Improved Double Chains Quantum Genetic Algorithm[J]. Symmetry, 2017, 9(9): 178-195;

③ 张宇献,钱小毅,彭辉灯,等. 基于等位基因的实数编码量子进化算法[J]. 仪器仪表学报,2015, 36(9): 2129-2137.

第3章 振动故障量子化稀疏特征提取技术

3.1 量子进化理论

基于量子比特概率幅为染色体编码的遗传算法作为信号稀疏分解的原子搜索算法,根据稀疏分解原子字典构造特征对量子遗传算法进行了改进。在编码阶段,通过引入大于1的参数因子,增强量子比特概率幅取值多样性,增加种群个体密度;在进化阶段,利用当前量子比特与最优量子比特的相位角差值,提出简化形式的梯度更新策略,在保障有效进化的前提下节约时间开销;在变异阶段,利用种群个体具备优良生存能力后代间的"变异"会逐渐缩减的进化理论,提出逐代缩减的变异操作算法克服缺乏自适应性的问题。通过仿真算例和轴承振动信号实验,验证所提方法的有效性和优越性。

3.1.1 量子进化算法

与传统计算机二进制机理不同,在量子计算中,一个量子比特即可处于"0"态或"1"态,也可处于"0"态和"1"态的叠加。将一个量子比特表达为

$$|\varphi\rangle = \alpha|0\rangle + \beta|1\rangle \tag{3-1}$$

其中,α,β 均为复数;$|\alpha|^2$ 和 $|\beta|^2$ 分别为该量子比特处于"0"态和"1"态的概率,满足 $|\alpha|^2 + |\beta|^2 = 1$。

利用量子比特结合生物遗传进化思想进行数值优化计算,产生了量子进化算法。在量子进化算法中,利用某个角度的余弦和正弦作为量子比特的概率幅,当角度调整时,量子比特的概率幅随之改变,就将复数形式的概率幅转化为实数形式。该角度称为量子比特相位角,记为 θ,于是量子比特就表达为

$$|\varphi\rangle = \cos\theta|0\rangle + \sin\theta|1\rangle \tag{3-2}$$

简写为 $[\cos\theta, \sin\theta]^T$。

1. 量子进化的编码

若量子进化的种群共有 m 个个体,每个个体由 n 维量子比特构成(即染色体长度为 n),则可将种群中第 i 个个体表达为

$$\boldsymbol{p}_i = \begin{bmatrix} \cos\theta_{i1}; & \cos\theta_{i2}; & \cdots; & \cos\theta_{in} \\ \sin\theta_{i1}; & \sin\theta_{i2}; & \cdots; & \sin\theta_{in} \end{bmatrix} \tag{3-3}$$

其中，$i=1,2,\cdots,m$，$\theta_{ij}(j=1,2,\cdots,n)$ 取 $[0,2\pi)$ 范围内任意值。

为了保证量子进化算法的全局收敛性和高效性，θ_{ij} 取值范围应尽可能小且密度尽可能高。取值范围小意味着寻优过程所耗时间少；而取值密度高能保证种群个体的多样性，进而提高优化问题最优解的密度。为了保证在小范围内具有较高的种群个体密度，在量子进化的编码中，提出增强型的量子比特编码方式，将参数 $\lambda \geqslant 1$ 引入种群染色体中，即

$$\boldsymbol{p}'_i = \begin{bmatrix} \cos\lambda\theta_{i1}, & \cos\lambda\theta_{i2}, & \cdots, & \cos\lambda\theta_{in} \\ \sin\lambda\theta_{i1}, & \sin\lambda\theta_{i2}, & \cdots, & \sin\lambda\theta_{in} \end{bmatrix} \tag{3-4}$$

可以证明，参数 $\lambda \geqslant 1$ 引入种群染色体中后，种群中所含最优解的密度为引入前的 λ^n 倍。因此，可通过引入参数 $\lambda \geqslant 1$ 的方式增加最优解的个数，以提高寻优概率。在实际量子进化算法编码过程中，可适当缩小 θ 以减少寻优时间，而引入恰当的 λ 参数可保证 θ 在小范围内具有较高的最优解密度。

2. 进化策略

在进化阶段，通过旋转量子比特相位角的方式更新染色体个体，即

$$\begin{bmatrix} \cos(\theta_{ij}+\Delta\theta) \\ \sin(\theta_{ij}+\Delta\theta) \end{bmatrix} = \begin{bmatrix} \cos(\Delta\theta) & -\sin(\Delta\theta) \\ \sin(\Delta\theta) & \cos(\Delta\theta) \end{bmatrix} \begin{bmatrix} \cos\theta_{ij} \\ \sin\theta_{ij} \end{bmatrix} \tag{3-5}$$

旋转角 $\Delta\theta$ 的方向，由下式确定：

$$\vec{\Delta\theta} = -\operatorname{sgn}\left(\begin{vmatrix} \cos\theta_0 & \cos\theta_{ij} \\ \sin\theta_0 & \sin\theta_{ij} \end{vmatrix}\right) \tag{3-6}$$

其中，θ_0 为当前搜索到的全局最优解中对应量子比特相位角；$\operatorname{sgn}(\cdot)$ 为符号函数。

对于旋转角 $\Delta\theta$ 大小的确定，需考虑当前量子比特与最优量子比特的相位角差值。当差值较大时，应增大 $\Delta\theta$ 以减少搜索步数；当差值较小时，应减小 $\Delta\theta$ 以提高寻优精度。为了减小算法的复杂度，本文提出简化形式的梯度更新策略作为染色体个体的更新策略，如下式：

$$\Delta\theta = \frac{\theta_{\max}-\theta_{\min}}{\exp(\pi)-1}\left[\exp(|\theta_0-\theta_{ij}|)-1\right]+\theta_{\min} \tag{3-7}$$

其中，$\theta_{\max}$ 和 $\theta_{\min}$ 分别为设置的旋转角 $\Delta\theta$ 的最大值和最小值。$\theta_{\max}$ 过大会导致早熟，而 $\theta_{\min}$ 过小会导致收敛较慢，因此，为了保证一定的收敛速度和避免早熟，将 $\theta_{\max}$ 和 $\theta_{\min}$ 分别设置为 0.1π 和 0.005π。由于指数函数 e^x 的斜率随 x 的增大而增大，当当前量子比特与最优量子比特的相位角接近时，由(3-7)式计算的 $\Delta\theta$ 值较小；反之，计算的 $\Delta\theta$ 值较大。

3. **变异策略**

由生物进化论可知：物种随着环境变化逐代进行"进化"和"变异"，使其具有更强的环境适应能力和生存能力，当物种具备优良生存能力后，代间的"变异"会逐渐缩减。根据这一理论，本书提出逐代缩减的变异操作算法，其表达式为

$$\Delta\theta = \frac{\pi}{2}\left[1 - \frac{4}{\pi}\arctan\left(\frac{g}{G}\right)\eta\right] \tag{3-8}$$

其中，G 和 g 分别为最大迭代代数和当前代数，η 为该染色体优良性的评价参数：

$$\eta = \begin{cases} 1, & F \geqslant F_s \\ 0, & F < F_s \end{cases} \tag{3-9}$$

其中，F 和 F_s 分别为该染色体适应度和设定的适应度限值。

显然，当种群进化到"优良"阶段前，由(3-8)、(3-9)式可得 $\Delta\theta = \pi/2$，将其代入(3-5)式即为

$$\begin{bmatrix} \cos\left(\theta_{ij} + \frac{\pi}{2}\right) \\ \sin\left(\theta_{ij} + \frac{\pi}{2}\right) \end{bmatrix} = \begin{bmatrix} \cos\left(\frac{\pi}{2}\right) & -\sin\left(\frac{\pi}{2}\right) \\ \sin\left(\frac{\pi}{2}\right) & \cos\left(\frac{\pi}{2}\right) \end{bmatrix} \begin{bmatrix} \cos\theta_{ij} \\ \sin\theta_{ij} \end{bmatrix} = \begin{bmatrix} -\sin\theta_{ij} \\ \cos\theta_{ij} \end{bmatrix} \tag{3-10}$$

相当于量子负 NOT 门操作，增强种群中染色体个体的多样性；当种群进化到"优良"阶段后，随着迭代代数的增加，$\Delta\theta$ 由 $\pi/2$ 逐渐减小到 0，使得变异操作逐渐变弱，种群优良性逐渐增强。

3.1.2 改进型量子进化理论

改进型量子进化算法(improved quantum genetic algorithm，IQEA)，采

用量子比特概率幅的编码方式，避免二进制数与实际参数转换过程中的编解码耗时，并引入编码因子，增强种群个体多样性和密度；利用简化形式的梯度进化操作和逐代缩减的变异操作，在保障有效进化和变异的前提下节约时间开销，具有更强的运算速度和自适应性。提出的基于 IQEA 的稀疏特征提取方法，利用 IQEA 强大的搜索能力和运算速度，解决以 L_0 范数为模型的稀疏分解过程中内积运算开销大、搜索速度慢的问题。

1. 量子编码

在量子计算中，量子比特表达为

$$|\varphi\rangle = \alpha|0\rangle + \beta|1\rangle \tag{3-11}$$

其中，α，β 均为复数；$|\alpha|^2$ 和 $|\beta|^2$ 分别为该量子比特处于"0"态和"1"态的概率，满足

$$|\alpha|^2 + |\beta|^2 = 1 \tag{3-12}$$

利用某个角度的余弦和正弦作为量子比特的概率幅，则该角度称为量子比特相位角，记为 θ，量子比特就表达为

$$|\varphi\rangle = \cos\theta|0\rangle + \sin\theta|1\rangle \tag{3-13}$$

简写为 $[\cos\theta, \sin\theta]^T$。

设种群个体为

$$\boldsymbol{p}_i = \begin{bmatrix} \cos\theta_{i1}, & \cos\theta_{i2}, & \cdots, & \cos\theta_{in} \\ \sin\theta_{i1}, & \sin\theta_{i2}, & \cdots, & \sin\theta_{in} \end{bmatrix} \tag{3-14}$$

其中：m 为种群规模；n 为个体染色体长度；θ_{ij}（$i=1, 2, \cdots, m$；$j=1, 2, \cdots, n$）为第 i 个个体的第 j 个量子比特相位角，可取 $[0, 2\pi)$ 范围内任意值。

为了保证量子进化算法的搜索全局收敛性和高效性，要求种群个体的多样性和高密度性。利用增强型的量子比特编码方式，将编码因子 $\lambda(\geqslant 1)$ 引入种群染色体中，即

$$\boldsymbol{p}_i = \begin{bmatrix} \cos\lambda\theta_{i1}, & \cos\lambda\theta_{i2}, & \cdots, & \cos\lambda\theta_{in} \\ \sin\lambda\theta_{i1}, & \sin\lambda\theta_{i2}, & \cdots, & \sin\lambda\theta_{in} \end{bmatrix} \tag{3-15}$$

第3章 振动故障量子化稀疏特征提取技术

定理1[①] 在量子比特相位角取值范围相同的情况下，编码因子 λ 引入种群染色体后，种群中所含最优解的密度为引入前的 λ^n 倍，其中 n 为染色体长度。

证明：设某优化问题的最优解映射到单位空间 $I^n = [-1, 1]^n$ 后为 $\boldsymbol{X} = (x_1, x_2, \cdots, x_n)$，对于 $\forall x_i \in \boldsymbol{X}, (i=1, 2, \cdots n)$，在 $[0, 2\pi)$ 范围内均存在 4 个量子比特相位角与之对应，即

$$\theta_{ci} = \begin{cases} \arccos x_i \\ 2\pi - \arccos x_i \end{cases} \tag{3-16}$$

$$\theta_{si} = \begin{cases} \arcsin x_i \\ \pi - \arcsin x_i \end{cases}, x_i \geqslant 0 \text{ 或 } \begin{cases} 2\pi + \arcsin x_i \\ \pi - \arcsin x_i \end{cases}, x_i < 0 \tag{3-17}$$

其中，θ_{ci} 和 θ_{si} 分别为最优解 x_i 对应的余弦相位角和正弦相位角。

编码因子 λ 引入种群染色体中后，当 θ 仍然在 $[0, 2\pi)$ 范围内取值时，$\lambda\theta$ 则在 $[0, 2\pi\lambda)$ 范围取值。因为 $\lambda \geqslant 1$，可将 $[0, 2\pi\lambda)$ 分解为 $[0, 2\pi) \cup [2\pi, 4\pi) \cup \cdots \cup [2\pi(\lambda-1), 2\pi\lambda)$，则对 $\forall x_i \in \boldsymbol{X}, (i=1, 2, \cdots, n)$，对应的最优量子比特相位角为

$$\theta_{ci}^{\lambda} = \begin{cases} \dfrac{\arccos x_i}{\lambda}, \dfrac{2\pi + \arccos x_i}{\lambda}, \cdots, \dfrac{2\pi(\lambda-1) + \arccos x_i}{\lambda} \\ \dfrac{2\pi - \arccos x_i}{\lambda}, \dfrac{4\pi - \arccos x_i}{\lambda}, \cdots, \dfrac{2\pi\lambda - \arccos x_i}{\lambda} \end{cases} \tag{3-18}$$

$$\theta_{si}^{\lambda} = \begin{cases} \begin{cases} \dfrac{\arcsin x_i}{\lambda}, \dfrac{2\pi + \arcsin x_i}{\lambda}, \cdots, \dfrac{2\pi(\lambda-1) + \arcsin x_i}{\lambda} \\ \dfrac{\pi - \arcsin x_i}{\lambda}, \dfrac{3\pi - \arcsin x_i}{\lambda}, \cdots, \dfrac{(2\lambda-1)\pi - \arcsin x_i}{\lambda} \end{cases}, x_i \geqslant 0 \\ \text{或} \begin{cases} \dfrac{2\pi + \arcsin x_i}{\lambda}, \dfrac{4\pi + \arcsin x_i}{\lambda}, \cdots, \dfrac{2\pi(\lambda-1) + \arcsin x_i}{\lambda} \\ \dfrac{\pi - \arcsin x_i}{\lambda}, \dfrac{3\pi - \arcsin x_i}{\lambda}, \cdots, \dfrac{(2\lambda-1)\pi - \arcsin x_i}{\lambda} \end{cases}, x_i < 0 \end{cases} \tag{3-19}$$

---

① 余发军，刘义才．基于改进量子进化算法的稀疏特征提取方法[J]．北京理工大学学报，2020, 40(5)：512-518．

其中，θ_{ci}^{λ} 和 θ_{si}^{λ} 分别为最优解 x_i 对应的余弦相位角和正弦相位角。

由(3-18)、(3-19)式可知，引入编码因子 λ 后，对任意 $x_i \in X$，$(i=1,2,\cdots,n)$，在 $[0, 2\pi)$ 范围内均存在 4λ 个量子比特相位角与之对应，其中包含 2λ 个余弦相位角和 2λ 个正弦相位角。对整体最优解 X 而言，其对应的余弦相位角的解个数为 $(C_{2\lambda}^1)^n=(2\lambda)^n$，而对应的正弦相位角的解个数也为 $(C_{2\lambda}^1)^n=(2\lambda)^n$，总体解个数为 $2(2\lambda)^n$。而引入参数 λ 前，总体解个数为 2^{n+1}。因此，参数 $\lambda \geqslant 1$ 引入种群染色体中后，种群中所含最优解的密度为引入前的 λ^n 倍（证毕）。

由此可知，编码因子 λ 后增加了最优解的个数，提高了寻优概率。实际应用中，可设置 $\lambda=2$、θ 取值范围为 $[0, \pi)$，以保证 θ 取值在小范围时仍具有很强的寻优性能。

2. 交叉进化-变异操作

考虑到生物体代与代之间即存在"小变化"的进化，也存在"大变化"的变异概率。基于此在生成下一代种群时，提出交叉进化-变异的种群个体更新操作。

首先通过旋转量子比特相位角进行进化操作，即

$$\begin{bmatrix} \cos(\theta_{ij}+\Delta\theta) \\ \sin(\theta_{ij}+\Delta\theta) \end{bmatrix} = \begin{bmatrix} \cos(\Delta\theta) & -\sin(\Delta\theta) \\ \sin(\Delta\theta) & \cos(\Delta\theta) \end{bmatrix} \begin{bmatrix} \cos\theta_{ij} \\ \sin\theta_{ij} \end{bmatrix} \quad (3-20)$$

旋转角 $\Delta\theta$ 的方向由(3-21)式确定：

$$\vec{\Delta\theta} = -\mathrm{sgn}\left(\begin{vmatrix} \cos\theta_0 & \cos\theta_{ij} \\ \sin\theta_0 & \sin\theta_{ij} \end{vmatrix} \right) \quad (3-21)$$

其中，θ_0 为当前最优解对应的种群个体中量子比特相位角。旋转角 $\Delta\theta$ 大小采用简化形式的梯度运算加以确定，以减少算法的开销，如(3-22)式：

$$\Delta\theta = \frac{\theta_{\max}-\theta_{\min}}{e^{\pi}-1}(e^{(|\theta_0-\theta_{ij}|)}-1)+\theta_{\min} \quad (3-22)$$

其中，$\theta_{\max}$ 和 $\theta_{\min}$ 分别取 0.1π 和 0.005π。

由(3-22)式确定的旋转相位角大小与当前量子比特与最优量子比特的相位角差值的关系如图 3.1 所示。由于指数函数 e^x 的斜率随 x 的增大而增大，当当前量子比特与最优量子比特的相位角接近时，由(3-22)式计算的 $\Delta\theta$ 值较

第3章 振动故障量子化稀疏特征提取技术

小；反之，计算的 $\Delta\theta$ 值较大。

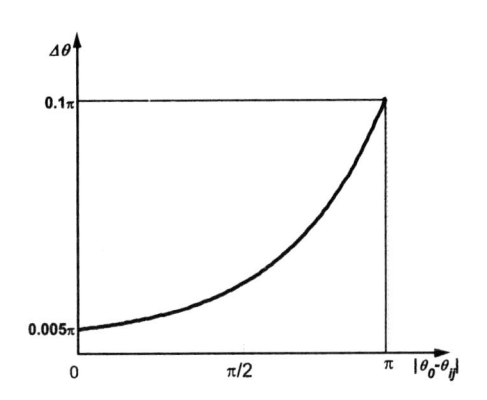

图 3-1 旋转角 $\Delta\theta$ 与当前量子比特和最优量子比特的相位角差值 $|\theta_0-\theta_{ij}|$ 的关系

变异操作时，考虑种群个体的优良性，当其具备良好的环境适应能力和生存能力时，变异概率小；相反，则变异概率大。种群个体的优良性用 η 表示：

$$\eta = \begin{cases} 1, & F \geqslant F_s \\ 0, & F < F_s \end{cases} \tag{3-23}$$

其中，F_s 和 F 分别为设定的适应度阈值和该种群个体的当前适应度。

以种群个体优良性作为发生变异的概率基础，提出的变异操作表达为

$$\Delta\theta = \frac{\pi}{2}\left[1 - \frac{4}{\pi}\arctan\left(\frac{\text{gen}}{G}\right)\eta\right] \tag{3-24}$$

其中，G 和 gen 分别为设定的最大代数和当前代数。由(3-24)可以看出，当种群个体达到"优良"前，即 $\eta=0$，得 $\Delta\theta=\pi/2$，相当于 NOT 门操作，发生"大变化"的变异；而当种群个体达到"优良"后，其变异的幅度随代的增加而逐渐缩减，直到减小到0。

更新种群个体整体采用这种交叉进化-变异操作，使生成的子代具有更好的适应度。

3.2 基于量子进化的振动故障稀疏特征提取方法

3.2.1 基于量子进化算法的信号稀疏分解流程

1. 字典的构造

作为经典的参数化字典，Gabor字典具有良好的时-频域聚焦性，常作为时-频原子库应用于信号的稀疏分解中。将Gabor原子字典定义为

$$g_{\gamma}(t) = \frac{1}{\sqrt{s}} g\left(\frac{t-u}{s}\right) \cos(vt + w) \qquad (3-25)$$

其中，时频参数 $\gamma = (s, u, v, w)$，s 为尺度因子，u 为位移因子，v 为频率因子，w 为相位因子；而 $g(t) = \exp(-\pi t^2)$ 是高斯窗函数。为了便于处理，通常将 γ 表达为 $(a^q, p\Delta u, \alpha\Delta v, \beta\Delta w)$，取 $a=2$、$\Delta u=1$、$\Delta v=2\pi/N$、$\Delta w=\pi/6$、$0 \leqslant q \leqslant \log_2 N$、$0 \leqslant p \leqslant N-1$、$0 \leqslant \alpha \leqslant N-1$、$0 \leqslant \beta \leqslant 12$，$N$ 为信号的长度。

利用所提量子进化算法对信号在Gabor字典上进行稀疏分解，相当于对时频参数 $\gamma = (s, u, v, w)$ 进行寻优处理，进而转化为对参数 (q, p, α, β) 在各自取值范围内进行寻优处理。因此，先利用所提量子进化算法中染色体个体的量子比特概率幅表达Gabor字典中参数 (q, p, α, β) 值（即量子进化的编码），再进行进化和变异操作。由于量子比特概率幅区间为 $[-1, 1]$，为此，需将参数 (q, p, α, β) 进行线性变换映射到单位空间 $[-1, 1]$ 上。

需要说明的是，由于量子比特位概率幅取值可以是连续的，得到的Gabor字典参数 (q, p, α, β) 取值也可以是连续的，因此采用量子比特编码的Gabor原子在稀疏表征信号时，比以往离散化处理参数的Gabor原子具有更高的分解精度。

2. 稀疏分解流程

设长度为 N 的信号 f，采用OMP将其在Gabor原子字典上稀疏分解。将所提量子进化算法的适应度函数 $fit(\cdot)$ 设为

第3章 振动故障量子化稀疏特征提取技术

$$\text{fit}(k) = <R^{k-1}f, g_\gamma> \tag{3-26}$$

其中，k 为稀疏分解的次数；$<\cdot>$ 表示内积运算操作；g_γ 为式(3-25)定义的 Gabor 原子；$R^{k-1}f$ 为第 $k-1$ 次稀疏分解后信号的残差，特殊情况 $k=1$ 时，$R^0 f = f$。

在每次稀疏分解过程中，首先采用随机数初始化染色体个体的每个量子比特相位角；再对 Gabor 原子进行量子比特编码，利用适应度函数筛选出本代最优个体基因位；再进行染色体个体的进化和变异操作，最后利用适应度函数选出最优个体基因位，直到最优适应度函数值满足一定的精度，结束本次稀疏分解。

在整个信号稀疏分解过程中，有两个结束条件需要设定：一是单次稀疏分解的结束条件，即所提量子进化算法的寻优结束条件；二是总稀疏分解次数的结束条件，即正交匹配追踪算法的结束条件。对于第一个结束条件，考虑到量子进化算法的寻优效率，本书将寻优结束条件设定为近三代最优适应度函数值的变化率小于阈值 ξ，即

$$\frac{\sum_{i=0}^{2}|fit^*(g-i) - fit^*(g-i-1)|}{\sum_{i=0}^{2}|fit^*(g-i)|} < \xi \tag{3-27}$$

其中，$fit^*()$ 表示最优适应度值，满足 $fit^*(k) = \max_\gamma <R^{k-1}f, g_\gamma>$。设定这一结束条件的优点在于：取近三代的平均最优适应度值变化率小于设定阈值，可以有效避免某代由于随机因素导致的早熟现象。

对于第二个结束条件，若已知信号中所含的噪声功率为 P_n，则可根据稀疏分解的信号残差 $\|R^k f\|_2^2$ 是否小于 P_n 作为结束条件。但多数情况下信号噪声功率难以估计，为此，本书利用近两次稀疏分解信号残差变化率是否小于设定的阈值 ε 作为结束条件，即

$$\frac{\|R^k f - R^{k-1}f\|_2^2}{\|R^k f\|_2^2} < \varepsilon \tag{3-28}$$

总结基于量子进化算法的稀疏分解步骤如下。

步骤1：初始化正交匹配追踪算法参数，包括 $R^0 f = f$ 和分解结束阈值 ε，并按照(3-25)式构造 Gabor 原子字典。

步骤 2：设定一定的种群规模和染色体长度，在一定的相角范围利用随机数按照(3-14)式初始化量子染色体种群。

步骤 2.1：将量子比特位概率幅的单位区间映射到 Gabor 原子字典的参数值范围区间，即对 Gabor 原子字典进行量子比特编码。

步骤 2.2：按照(3-26)式计算 Gabor 原子与残差信号的内积作为适应度函数，并筛选出最大的适应度函数值 F^* 和对应的染色体个体 p^* 及对应的量子比特位 φ^*。

步骤 2.3：按照(3-17)式对种群中的除 p^* 外其余染色体个体进行进化操作，对染色体个体 p^* 中除 φ^* 外其余量子比特位按照(3-18)式进行变异操作，以生成新一代种群。

步骤 2.4：重复执行步骤 2.1～2.3，直至满足寻优条件(3-27)式，结束本次稀疏分解。

步骤 3：返回步骤 2，执行下一次稀疏分解，直至满足稀疏分解的总结束条件(3-28)式，终止分解。

3.2.2　基于 IQEA 的稀疏特征提取

通过稀疏分解将信号表征为一组原子的线性组合，由于信号中不同成分具有不同的结构特征，因此反映在原子上也具有不同的结构，借此可通过原子的重新组合进行信号不同成分的特征提取。[①]

1. 提取模型

设一维信号 $f \in \mathbf{R}^N$ 中包含两种不同结构的信号成分 $x \in \mathbf{R}^N$ 和 $y \in \mathbf{R}^N$，三者满足叠加关系：

$$f = x + y \tag{3-29}$$

若 $D = [d_1, d_2, \cdots, d_M] \in \mathbf{R}^{N \times M} (M \gg N, \|d_i\|_2 = 1)$ 为一个过完备字典，则据稀疏分解理论可将 f 在 D 表示成

$$f = \sum_i <x, d_i> d_i + \sum_j <y, d_j> d_j + \varepsilon \tag{3-30}$$

---

① 余发军，瞿博阳，刘义才. 基于量子进化的信号稀疏分解方法[J]. 量子电子学报，量子电子学报，2019, 36(4): 393-401.

第3章 振动故障量子化稀疏特征提取技术

其中，$<, >$ 为内积运算；ε 为信号的残差。

由于 x 和 y 具有不同的结构特征，所以稀疏分解过程中 x 与 d_i 表现为强相关性，而与 d_j 表现为弱相关性；同理 y 与 d_j 为强相关性，而与 d_i 为弱相关性。若要提取出信号中 x 成分，则可建立与其结构相似的原子字典，当将信号 f 用匹配追踪类算法在该字典上稀疏分解时，x 成分的投影系数大，故首先得到分解，而 y 成分的投影系数小，故后得到分解。选取恰当的稀疏分解终止条件，就可有效将 x 成分从信号 f 中提取出来。

2. 提取算法

首先利用所提 IQEA 对原子字典进行量子编码。下面以参数化 Gabor 字典为例说明编码过程，原子定义为

$$g_\gamma(t) = \frac{1}{\sqrt{s}} g\left(\frac{t-u}{s}\right) \cos(vt + w) \tag{3-31}$$

其中，参数 $\gamma = (s, u, v, w) = (2^q, p, 2\pi\alpha/N, \pi\beta/6)$，$0 \leqslant q \leqslant \log_2 N$、$0 \leqslant p \leqslant N-1$、$0 \leqslant \alpha \leqslant N-1$、$0 \leqslant \beta \leqslant 12$，$N$ 为信号的长度，$g(t) = \exp(-\pi t^2)$ 为高斯窗函数。

利用量子比特概率幅表达原子的参数 (q, p, α, β) 值，将其线性映射到单位空间 $[-1, 1]$ 上。若量子比特为 $[\cos\lambda\theta_{ij}, \sin\lambda\theta_{ij}]^T$，则原子参数 (q, p, α, β) 编码为

$$\begin{cases} q_c = (\log_2 N)(1 + \cos\lambda\theta_{ij})/2 \\ p_c = (N-1)(1 + \cos\lambda\theta_{ij})/2 \\ \alpha_c = (N-1)(1 + \cos\lambda\theta_{ij})/2 \\ \beta_c = 6(1 + \cos\lambda\theta_{ij}) \end{cases}$$

$$\begin{cases} q_s = (\log_2 N)(1 + \sin\lambda\theta_{ij})/2 \\ p_s = (N-1)(1 + \sin\lambda\theta_{ij})/2 \\ \alpha_s = (N-1)(1 + \sin\lambda\theta_{ij})/2 \\ \beta_s = 6(1 + \sin\lambda\theta_{ij}) \end{cases} \tag{3-32}$$

编码完成后，采用正交匹配追踪算法（OMP）将信号 f 在编码后的原子字典上稀疏分解。将 IQEA 的适应度函数 $fit(\cdot)$ 设为：

$$\text{fit}(k) = <R^{k-1}f, D> \tag{3-33}$$

其中，k 为稀疏分解的次数；$R^{k-1}f$ 为第 $k-1$ 次稀疏分解后信号的残差，当 $k=1$ 时，$R^0 f = f$。

在每次稀疏分解前，采用随机数初始化染色体个体的每个量子比特相位角，利用适应度函数筛选出本代最优个体基因位；再进行种群个体的交叉进化-变异操作，最后利用适应度函数选出最优个体基因位，直到最优适应度函数值满足(3-34)式结束本次稀疏分解：

$$\frac{\sum_{i=0}^{2}|\text{fit}^*(gen-i)-\text{fit}^*(gen-i-1)|}{\sum_{i=0}^{2}|\text{fit}^*(gen-i)|} < \xi \qquad (3\text{-}34)$$

其中，$fit^*(*)$ 表示最优适应度值。

对于整个稀疏分解结束的条件，可根据所提取特征成分的信息进行设置。若提取含噪信号的特征成分，则根据稀疏分解的信号残差是否小于噪声功率作为结束条件。若信号噪声功率难以估计，则可根据近两次稀疏分解信号残差变化率是否小于设定的阈值作为结束条件。

总结基于 IQEA 的稀疏特征提取算法步骤如下。

步骤1：建立恰当的原子字典和一定规模的量子种群。

步骤2：初始化种群个体的每个量子比特相位角，并对原子字典进行量子编码。

步骤3：利用 OMP 算法将信号残差在量子编码后的原子字典上进行稀疏分解，筛选最佳原子和对应种群个体及量子比特相位。

步骤4：利用交叉进化-变异操作进行量子种群更新。

步骤5：重复步骤3和4，直到满足(3-34)式结束本次稀疏分解；

步骤6：重复步骤2～5，直到满足信号残差变化率小于设定阈值，结束整体稀疏分解。

步骤7：利用每次稀疏分解时筛选出的最佳原子进行稀疏重构（如(3-35)式)，即为提取的特征成分。

$$x' = \sum_{k}(\max_{d_i} <f, D> d_i) \qquad (3\text{-}35)$$

3.3 滚动轴承振动故障的量子化稀疏特征提取应用实践

为了验证所提算法的有效性和优越性,分别利用所提方法、基于遗传算法的正交匹配追踪方法(genetic algorithmorthogoral matching pursuit,GA-OMP)和基于双链量子遗传算法的正交匹配追踪方法(double chain quantum genetic algorithm based orthogonal matching pursuit,DCQGA-OMP),对两个数值仿真信号和故障轴承的振动信号进行稀疏分解。实验计算机的硬件条件,CPU 为主频为 2.2 GHz 的双核处理器,内存这 4GB;软件条件,MATLAB R2016b 运行在 Window 10 操作系统环境下。三种进化方法的参数设置如表 3-1 所示。

表 3-1 三种进化方法的参数设置

方法	人口规模	染色体长度	λ	θ 范围	G	ξ
GA-OMP	30	50	—	—	100	0.001
DCQGA-OMP	30	4	—	$0 \sim 2\pi$	100	0.001
proposed method	30	4	2	$0 \sim \pi$	100	0.001

3.3.1 数值仿真实验

仿真信号 1 长度为 64 点,只含单 Gabor 原子 $g_\gamma(t)$,其中,$\gamma = (8, 64/3, 2\pi/3, 5\pi/3)$。仿真信号 2 长度为 128 点,含三个 Gabor 原子 $g_{\gamma 1}(t)$、$g_{\gamma 2}(t)$ 和 $g_{\gamma 3}(t)$,其中,$\gamma_1 = (4, 33, 4\pi, 5\pi/6)$、$\gamma_2 = (8, 100, 2\pi, 3\pi/7)$、$\gamma_3 = (6, 64, 3\pi, 4\pi/9)$,并加入标准差为 $\sigma = 0.1$ 的随机噪声。利用三种方法分别对两种仿真信号进行稀疏分解,分解的最大次数设置为 30。

观察三种方法对仿真信号 1 稀疏分解时每次重构信号的变化过程,图 3.2 显示了重构均方根误差 E_R 随分解次数的变化关系,其中,均方根误差 E_R 定义为

$$E_R = \sqrt{\frac{1}{N} \sum_{t=1}^{N} | f(t) - \overset{*}{f}(t) |^2} \qquad (3\text{-}36)$$

其中，$f(t)$ 和 $\hat{f}(t)$ 分别为原信号和稀疏重构信号；N 为原信号的长度。从图 3-2 可以看出：三种方法得到重构误差均随着分解次数的增加而减小，但本书方法在前 10 次分解中重构误差下降速度明显快于 GA-OMP 方法和 DCQGA-OMP 方法，所需稀疏分解的次数具有明显优势，这反映了所提方法在稀疏表征原信号时需要更少的原子数，进一步说明本书方法在每次稀疏分解过程中可更精确地筛选出最佳原子。

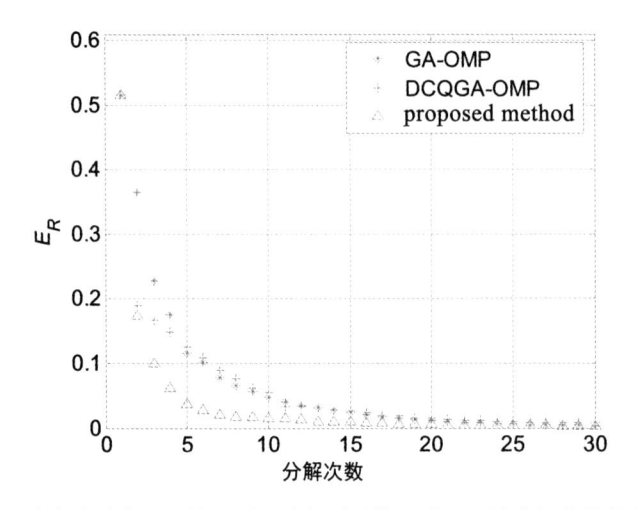

图 3-2 三种方法对单原子信号稀疏分解时重构误差 E_R 随分解次数的变化关系

三种方法对仿真信号 2 稀疏分解时，稀疏分解的结束条件均设定为

$$\|R^k f\|_2^2 < 0.95 P_n \tag{3-37}$$

其中，$R^k f$ 为第 k 稀疏分解残差信号；P_n 为噪声功率。实施稀疏分解后，三种方法得到重构信号波形分别如图 3-3(b)、3-3(c) 和 3-3(d) 所示。由图 3-3 可看出，所提方法在该噪声环境下稀疏重构的信号波形更接近于原信号 3-3(a) 波形。

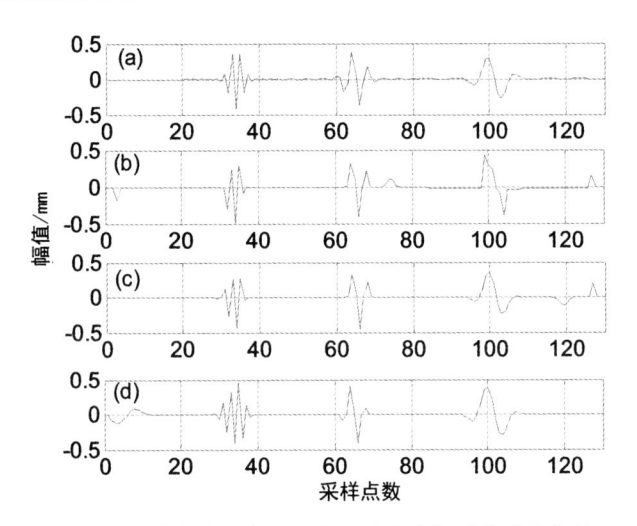

第3章 振动故障量子化稀疏特征提取技术

图 3-3 三种方法对多原子信号稀疏分解后的重构信号

注：(a)原信号；(b)GA-OMP；(c)DCQGA-OMP；(d)本书方法。

对仿真信号 2 加入不同强度的随机噪声，考察三种方法在不同强度的噪声环境下提取原信号的能力。衡量指标仍采用均方根误差 E_R，三种方法稀疏重构误差 E_R 与待分解信号的信噪比（SNR）变化关系如图 3-4 所示，对应的稀疏分解次数与 SNR 关系如图 3-5 所示。

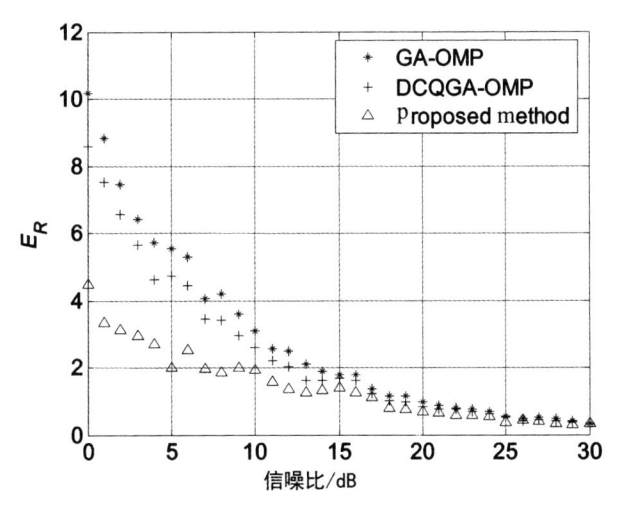

图 3-4 三种方法对多原子含噪信号稀疏分解后的重构误差 E_R 与信噪比 SNR 关系

从图 3-4 可以看出：所提方法在不同强度噪声环境下稀疏分解多原子信号时，提取还原出原信号能力比 GA-OMP 方法和 DCQGA-OMP 方法更强，这主要是由于所提的量子进化算法在匹配具有一定结构特征的信号成分时，寻优筛选出的 Gabor 原子参数（q，p，α，β）的取值是连续的，使得匹配进一步提高；另外，由于随机噪声不具有一定的结构特征，与 Gabor 原子做内积运算得到的适应度小，所以在设定一定的稀疏分解结束条件下，噪声得不到稀疏分解，使所提方法在一定噪声强度下具有较强的提取原信号能力。

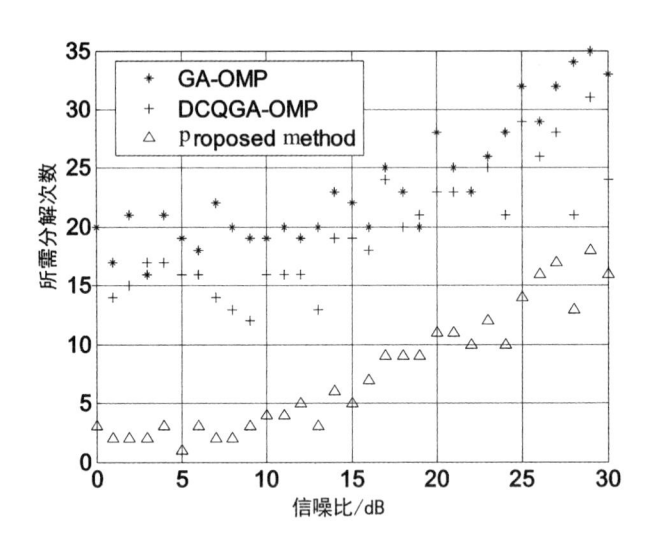

图 3-5　三种方法对多原子含噪信号稀疏分解时所需次数与信噪比 SNR 关系

从图 3-5 可以看出：所提方法在不同强度噪声环境下稀疏分解多原子信号时，所需分解次数比 GA-OMP 方法和 DCQGA-OMP 方法明显少，由于每次分解只筛选出一个最佳原子，所以所需匹配原子总数比 GA-OMP 方法和 DCQGA-OMP 方法明显少。这进一步说明在相同的分解结束条件下，所提方法在每次稀疏分解过程中筛选出的匹配原子比其他两种方法更精确。

3.3.2　故障轴承振动信号的稀疏分解实验

滚动轴承是旋转机械的关键部件之一，由于工况的复杂性其极易发生故障。为避免经济损失和发生事故，需在轴承发生故障的早期阶段及时识别并

第3章 振动故障量子化稀疏特征提取技术

诊断出故障类型，以便及时更换。利用安装在滚动轴承周围的加速度传感器采集其振动信号，并提取出振动信号中的早期故障特征，再根据故障特征的频谱分布，可有效识别和诊断轴承常见的内环、外环、滚动体和保持架等故障类型。本实验利用所提方法对滚动轴承的振动信号进行稀疏分解以提取故障特征，再进行包络谱分析确定故障类型。

已知型号为 QPZZ-Ⅱ 旋转机械振动故障试验平台由调速电机、传动轴、轴承支架、模拟负载等部件组成。现选用型号为 N205EM 的轴承试验对象，将其外环固定、内环随传动轴转动，调节电机转速使轴承转速为 1500 r/min。将压电加速度传感器安装在该轴承的外环径向周围，利用采样频率为 12 kHz 的信号采集器对传感器信号进行实时采集。图 3-6(a) 显示了 1 s 时间段内的振动信号波形，从图中无法识别出故障特征。

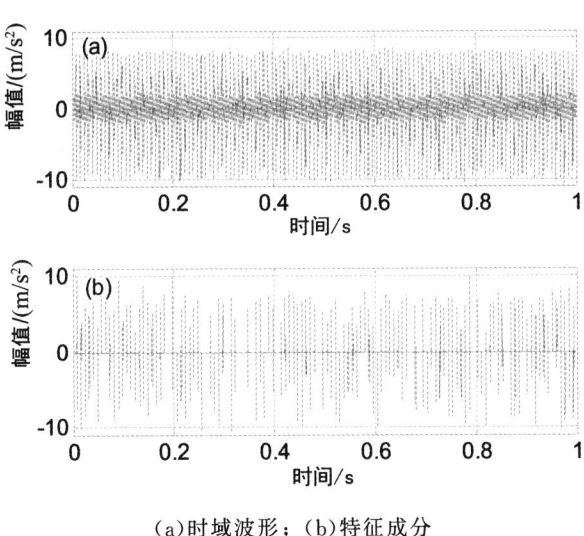

(a)时域波形；(b)特征成分

图 3-6 滚动轴承振动信号及提取的故障特征

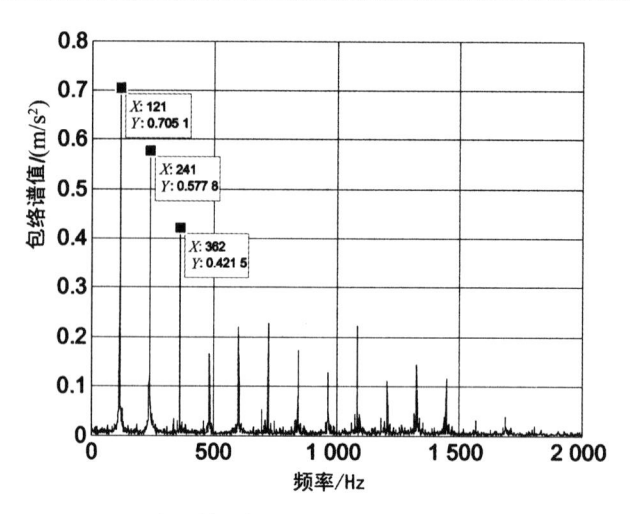

图 3-7 滚动轴承故障特征成分的 Hilbert 包络谱

利用所提方法对此段轴承振动信号进行稀疏分解,以提取出反映故障特征的信号成分。量子进化参数设置如表 3-1 所示,稀疏分解的结束条件设置为 (3-28) 式,其中阈值 $\varepsilon=0.01$。稀疏分解后得到的重构信号如图 3.6(b) 所示,并进行 Hilbert 包络谱分析,其频谱分布如图 3.7 所示。可以看出,图 3.6(b) 重构信号中冲击成分周期性很明显,图 3.7 中频谱峰值处的频率约为 121 Hz,且其倍频显著突出。根据型号为 N205EM 的轴承参数和转速值可计算出该轴承外环故障时理论特征频率为 120.79 Hz,据此有理由诊断该轴承外环存在缺陷点,这一诊断结论与实验前对该轴承外环跑道上用激光机加工了故障点的事实相符。

第 4 章 基于可调品质因子小波变换的振动故障特征提取技术

近二十年来,小波变换因其在非平稳信号方面具有良好的时频局部化特性,在机械故障诊断领域有着广泛的应用。由于小波变换的品质因子(品质因子,定义为滤波器的中心频率与带宽之比)是固定的,其对强噪声背景下微弱早期故障特征的提取效果,严重依赖于品质因子(即小波基函数)的选择,一旦小波基函数选择不当,就会导致变换系数小、对微弱瞬态成分匹配效果不佳,难以通过阈值将其筛选出来。因此,小波变换方法对机械部件早期故障特征的有效提取是建立在恰当的小波基础上的。

4.1 可调品质因子小波变换理论

可调品质因子小波变换(tunable Q-factor wavelet transform,TQWT),[①] 作为一种新的时频分析方法,通过一组双通道滤波器迭代运算和快速傅里叶变换,实现对非平稳信号在不同品质因子小波基上的尺度分解,克服了传统小波变换的恒品质因子的劣势,具有完全重构性和完备性。

在机械故障诊断领域,TQWT 亦有了初步应用,如湖南大学的于德介课

---

① Ivan W,Selesnick. Wavelet Transform with Tunable Q-Factor[J]. IEEE Transactions on Signal Processing,2011,59(8):3560-3575.

题组[1]、西安交通大学的何正嘉课题组[2]等结合 TQWT 和形态分量分析原理，提出了共振稀疏分解的方法，分别利用小品质因子和大品质因子提取冲击成分和谐波成分，成功地应用到轴承、转子早期碰磨和齿轮箱故障诊断中。这些成功的应用实例表明：利用不同品质因子小波基函数可实现不同形态机械故障特征信号成分的有效分离。本章从另一角度利用 TQWT 的品质因子可调性，通过谱峭度指标筛选出最佳的品质因子和分解尺度，实现对机械部件早期故障特征的有效提取。

4.1.1 Q 因子概述

Q 因子(Quality Factor，Q-Factor)，即品质因子，是用来描述物理和工程中振子系统阻尼大小的一个物理量，通常将其表示为共振频率与共振频率带宽的比值，是一个无量纲的量。其定义为

$$Q = \frac{f_0}{\Delta f} \tag{4-1}$$

式中：f_0 为共振频率；Δf 为共振频率的带宽。

对于图 4.1 所示的信号来说，其 Q 因子定义为该信号频谱的中心频率与频谱的带宽之比，其定义式如同(4-1)式。图 4-1 描述了 Q 因子分别为 1 和 3 时，信号的时域波形和频域分布情况。可以看出：Q 因子为 3 时，信号的时域波形振荡较快，频域的聚焦性较好；Q 因子为 1 时，信号的时域波形振荡较慢，频域的聚焦性较差。这说明 Q 因子的大小反映了信号时域波形的振荡快慢及频域的聚焦性。

---

[1] 陈向民，于德介，罗洁思. 基于信号共振稀疏分解的转子早期碰摩故障诊断方法[J]. 中国机械工程，2013，24(1)：35-40.

[2] CAI Gai-gai, CHEN Xue-feng, HE Zheng-jia. Sparsity-enabled signal decomposition using tunable Q-factor wavelet transform for fault feature extraction of gearbox[J]. Mechanical Systems and Signal Processing, 2013, 27 (1)：34-53.

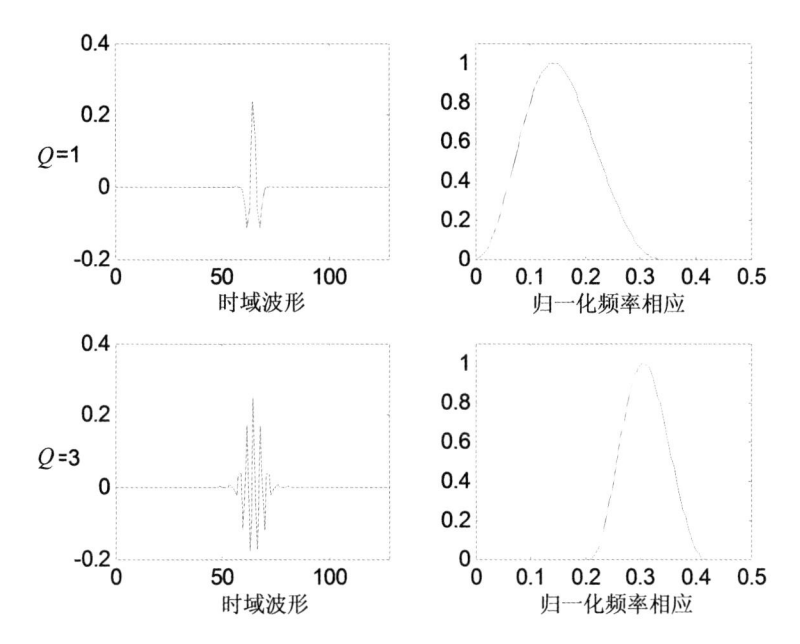

第 4 章　基于可调品质因子小波变换的振动故障特征提取技术

图 4-1　Q 因子分别为 1 和 3 时，信号时域波形及频域分布

那么对于具有相同 Q 因子的信号，其时域波形及频域分布是否一定相同或有什么联系呢？Q 因子为 3 的信号经过两种时间-尺度变换后，其时域波形及频域分布如图 4-2 所示。可以看出：具有相同 Q 因子的信号，其时域波形及频域分布可以不同，它们可以由同一信号经过不同的时间-尺度变换得到。传统的小波（如 db、bior、coif、sym 等），正是通过不同的时间-尺度变换得到不同的时频性能，同时保持 Q 因子不变。

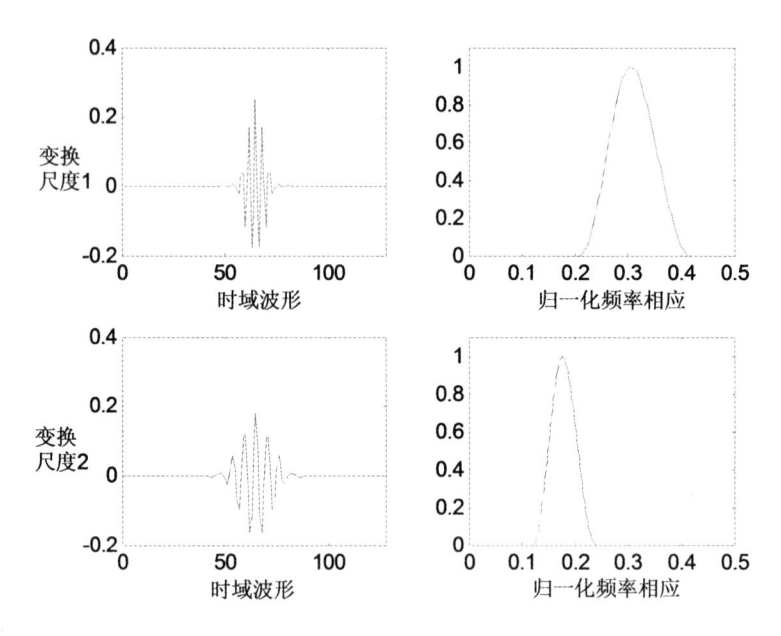

图 4-2　Q 因子为 3 的信号经过两种尺度变换后，其时域波形及频域分布

4.1.2　TQWT 基本理论

TQWT 最早由 Ivan Selesnick 于 2011 年提出[①]，是一种新的二进制恒 Q 因子小波变换，因其 Q 因子可通过参数的形式调节，所以得名。

对于一个长度为 N、采样频率为 f_s 的离散序列 $x(n)$，TQWT 通过预先设定 Q 因子和重复采样率 r 的值，利用双通道滤波器组和尺度变换实现对 $x(n)$ 的逐层分解与合成。图 4.3 给出了 TQWT 逐层分解与合成 $x(n)$ 的示意图，其中，高通尺度变换参数 β 和低通尺度变换参数 α 分别计算为

$$\beta = \frac{2}{Q+1} \tag{4-2}$$

$$\alpha = 1 - \frac{\beta}{r} \tag{4-3}$$

---

① Ivan W, Selesnick. Wavelet Transform with Tunable Q-Factor[J]. IEEE Transactions on Signal Processing, 2011, 59(8): 3560-3575.

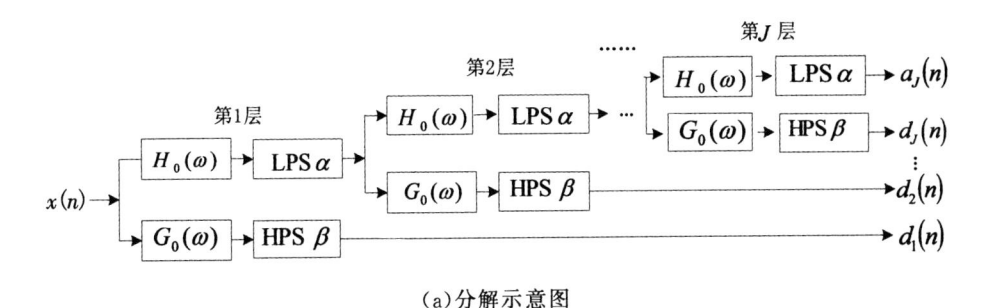

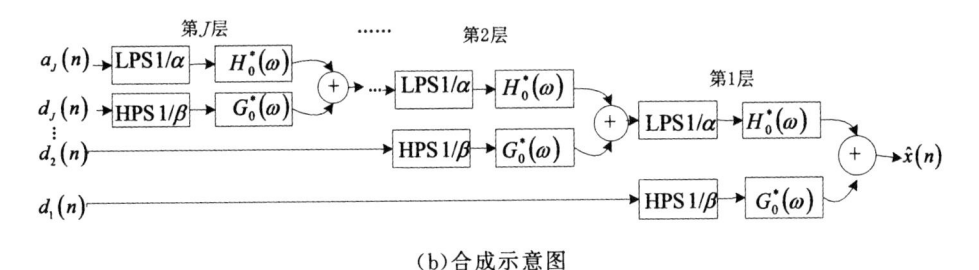

第4章　基于可调品质因子小波变换的振动故障特征提取技术

(a)分解示意图

(b)合成示意图

图 4-3　TQWT 分解和合成信号的示意图

考虑到完全重构性，TQWT 将低通滤波器频率响应 $H_0(\omega)$ 和高通滤波器频率响应 $G_0(\omega)$ 分别设定为

$$H_0(\omega) = \begin{cases} 1, & |\omega| \leqslant (1-\beta) \\ \theta\left(\dfrac{\omega + (\beta-1)\pi}{\alpha + \beta - 1}\right), & (1-\beta)\pi < |\omega| < \alpha\pi \\ 0, & \alpha\pi \leqslant |\omega| \leqslant \pi \end{cases} \quad (4\text{-}4)$$

$$G_0(\omega) = \begin{cases} 0, & |\omega| \leqslant (1-\beta)\pi \\ \theta\left(\dfrac{\alpha\pi - \omega}{\alpha + \beta - 1}\right), & (1-\beta)\pi < |\omega| < \alpha\pi \\ 1, & \alpha\pi \leqslant |\omega| \leqslant \pi \end{cases} \quad (4\text{-}5)$$

其中，$\theta(\omega) = \dfrac{1}{2}(1+\cos\omega)\sqrt{2-\cos\omega}$，$|\omega| \leqslant \pi$。

由(4-4)式和(4-5)式可以推算得到

$$|H_0(\omega)|^2 + |G_0(\omega)|^2 = 1 \quad (4\text{-}6)$$

因此，TQWT 具备完全重构性，即由分解后的系数通过合成可以完全恢复出原信号。

低通尺度变换的频域传递函数定义为：

$$当 0 < \alpha \leqslant 1 \text{ 时}, Y(\omega) = X(\alpha\omega), \quad |\omega| \leqslant \pi; \quad (4\text{-}7)$$

$$当 \alpha > 1 \text{ 时}, Y(\omega) = \begin{cases} X(\omega/\alpha), & |\omega| \leqslant \alpha\pi \\ 0, & \alpha\pi < |\omega| \leqslant \pi \end{cases} \quad (4\text{-}8)$$

高通尺度变换的频域传递函数定义为

$$当 0 < \beta \leqslant 1 \text{ 时}, Y(\omega) = X\left(\beta\omega + \frac{\omega}{|\omega|}(1-\beta)\omega\right), \quad 0 < |\omega| \leqslant \pi \quad (4\text{-}9)$$

$$当 \beta > 1 \text{ 时}, Y(\omega) = \begin{cases} X\left(\frac{1}{\beta}\omega + \frac{\omega}{|\omega|}\left(1 - \frac{1}{\beta}\right)\omega\right), & (1-\beta)\pi < |\omega| \leqslant \pi \\ 0, & |\omega| \leqslant (1-\beta)\pi \end{cases}$$

$$(4\text{-}10)$$

式(4-7)(4-8)(4-9)(4-10)中 $X(\omega)$ 为序列 $x(n)$ 的离散时间傅里叶变换，即

$$X(\omega) = \sum_{n=0}^{N-1} x(n) \mathrm{e}^{-jn\omega} \quad (4\text{-}11)$$

由图 4.3(a) 的 TQWT 分解示意图可以看出，序列 $x(n)$ 经过 j 层的滤波和尺度变换后，其等效滤波器传递函数可以由前面 $j-1$ 层传递函数相乘得到，即

$$H_j(\omega) = \begin{cases} \prod_{m=0}^{j-1} H_0(\omega/\alpha^m), & |\omega| \leqslant \alpha^j \pi \\ 0, & \alpha^j \pi \leqslant |\omega| \leqslant \pi \end{cases} \quad (4\text{-}12)$$

$$G_j(\omega) = \begin{cases} G_0(\omega/\alpha^{j-1}) \prod_{m=0}^{j-2} H_0(\omega/\alpha^m), & (1-\beta)\alpha^{j-1}\pi < |\omega| \leqslant \alpha^{j-1}\pi \\ 0, & \text{其他的 } |\omega| \leqslant \pi \text{ 取值} \end{cases}$$

$$(4\text{-}13)$$

其中，$j \leqslant (\log(\beta N/8)/\log(1/\alpha))$。传递函数 $G_j(\omega)$ 事实上表示了同一 Q 因子的小波在不同变换尺度（对应于分解层次）时的频率响应，其时域波形表示了同一 Q 因子具有不同变换尺度的小波。当调节 Q 因子时，不同尺度下小波时域波形及其频率响应就会发生改变，TQWT 正是通过这一理论实现在不同品质因子和尺度下对信号进行滤波的。

第4章 基于可调品质因子小波变换的振动故障特征提取技术

4.1.3 TQWT 的滤波原理

经典的小波变换利用小波基与信号的时域卷积求得变换系数,这一过程相当于利用小波基的频域响应对该信号进行滤波的过程,当对小波基进行尺度变换时,其频域响应的中心频率及带宽就会发生变化,因此,通过小波基的尺度变换实现了对信号在不同频带的滤波。与经典小波变换在时域对小波基进行尺度变换实现滤波的原理不同,TQWT 先直接在频域设计低通和高通滤波器,再对信号在频域进行尺度变换,将变换后的低频部分送至下一层进行滤波,而将变换后的高频部分作为变换系数输出。[①] 本小节具体阐述 TQWT 对信号进行滤波的原理。

由图 4-3(a)的分解示意图可知,第 j 层的输出 $d_j(n)$ 是由高通滤波器 $G_j(\omega)$ 的输出经过尺度变换得到的,因此,其滤波的上、下限截止频率 ω_1 和 ω_2 可由(4-13)式得出,即

$$\omega_1 = (1-\beta)\alpha^{j-1}\pi, \quad \omega_2 = \alpha^{j-1}\pi \tag{4-14}$$

中心频率 ω_C 取为 ω_1 和 ω_2 的平均值,即

$$\omega_C = \frac{1}{2}(\omega_1 + \omega_2) = \alpha^j \frac{2-\beta}{2\alpha}\pi \tag{4-15}$$

滤波的带宽 BW 为

$$\mathrm{BW} = \frac{1}{2}(\omega_2 - \omega_1) = \frac{1}{2}\beta\alpha^{j-1}\pi \tag{4-16}$$

由(4-14)(4-15)(4-16)式可以看出,由 TQWT 构建的滤波器组上下限截止频率,中心频率及带宽是 α、β 和 j 的函数,当重复采样率 r 的值设定后,尺度参数 α、β 值可分别由(4-2)式和(4-3)式算出,所以品质因子 Q 和分解层次 j 共同决定了滤波器的中心频率和带宽等参量。这意味着,当设定 (Q,j) 合适的值后,可以利用 TQWT 对信号进行滤波处理,提取出目标成分。

考察在不同的 Q 因子和分解层次 j 下,小波的时频域性能。图 4-4 描述了小波时域波形及其频率响应随着 Q 的变化情况,其中,$Q=1$、2、3、4、5,j

---

[①] 余发军,周凤星,基于可调 Q 因子小波变换和谱峭度的轴承早期故障诊断方法[J]. 中南大学学报,2015,46(11):4122-4129.

=2；图 4-5 描述了在一个固定 Q 因子下，小波的时频域随着分解层次 j 的变化情况，其中，$Q=3$，$j=1$、2、3、4、5。由图 4.4 和图 4.5 可以看出，Q 因子决定了小波时域波形的形状和频域品质因数；尺度 j 决定了小波时域波形的伸展程度和频域滤波带通位置。当 (Q,j) 取某值时，可以算出滤波带通的中心频率 f_c 和带宽 BW 分别为

$$f_c = \left(1 - \frac{2}{r(Q+1)}\right)^{j-1} \frac{Qf_s}{2(Q+1)} \qquad (4-17)$$

$$\mathrm{BW} = \frac{1}{Q+1}\left(1 - \frac{2}{r(Q+1)}\right)^{j-1} f_s \qquad (4-18)$$

其中，j 取整数，r 一般取 3，f_s 为信号的采样频率。因此，离散信号经过 TQWT 分解的过程可以看成是由 (Q,j) 决定的带通滤波过程，这与 4 连续 Morlet 小波变换非常相似，用 Q 因子决定小波的形状参数，用 j 决定尺度参数，区别在于：TQWT 直接在频域设计滤波器，进而对信号进行尺度变换实现滤波。

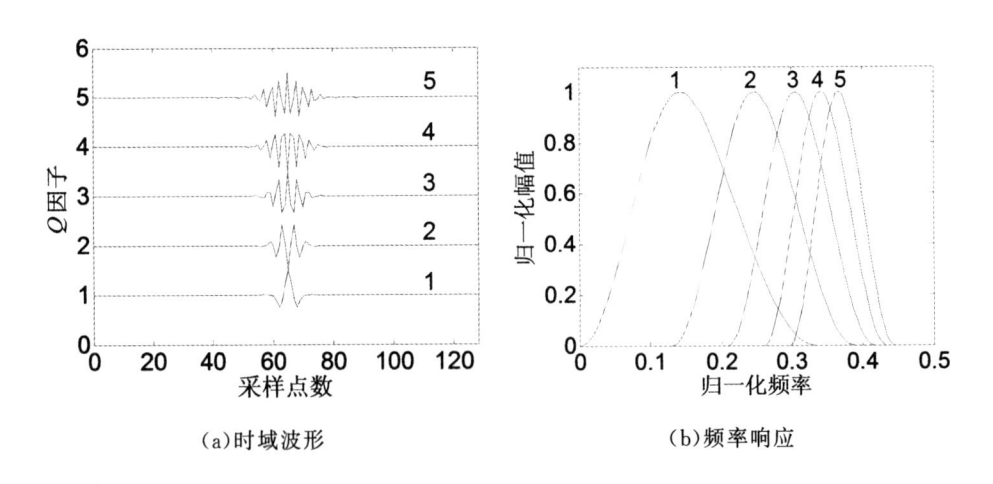

(a) 时域波形

(b) 频率响应

图 4-4 不同的 Q 因子下小波时域波形及其频率响应

第4章 基于可调品质因子小波变换的振动故障特征提取技术

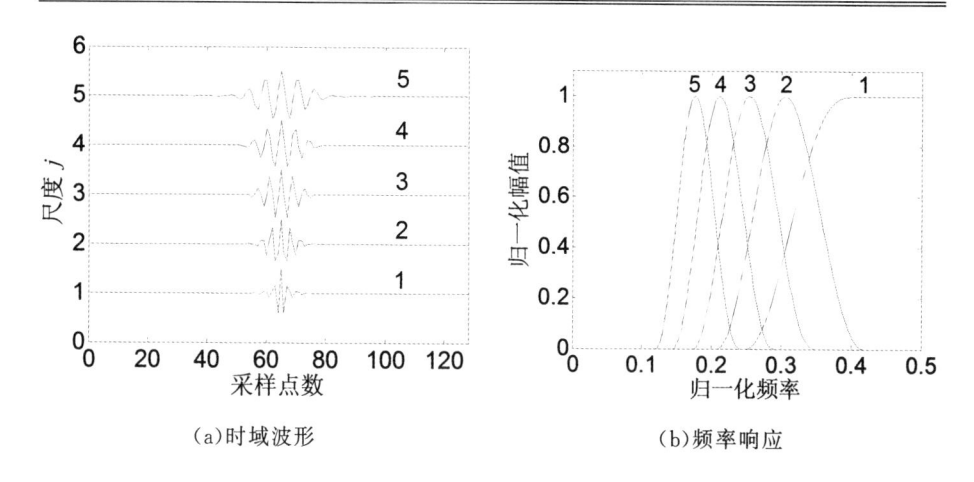

（a）时域波形

（b）频率响应

图 4-5 Q 因子相同，变换尺度 j 不同时小波时域波形及其频率响应

4.2 基于可调品质因子小波变换的振动故障特征提取方法

机械设备发生早期故障时，采集到的振动信号中反映早期故障类型的特征成分能量很微弱，往往被转频及其倍频以及噪声等其他成分覆盖，在时域难以将其发现。这些早期故障特征成分的频谱分布与其他成分具有一定的差异，若能根据这一差异设计具有恰当中心频率和带宽的滤波器，对设备的振动信号进行滤波处理，就可为早期故障特征的成功提取提供契机。由第 4.1 节分析可知，TQWT 通过双通道滤波器组将信号分解为一组频带由高到低的信号分量，而这组分量的中心频率和带宽是由 Q 因子和变换尺度 j 决定的。因此，通过找到最佳的 (Q,j) 进而利用 TQWT 对设备的振动信号进行滤波处理，就可实现早期故障特征的有效提取。然而，如何找到最佳的 Q 因子和变换尺度 j 呢？下面阐述以谱峭度作为提取指标确定最佳的 (Q,j)。

4.2.1 提取指标的选取——谱峭度

峭度作为一种描述波形尖峰程度的时域统计量，其定义为

$$K = \frac{E(x-\mu)^4}{\sigma^4} \quad (4-19)$$

其中，μ 和 σ 分别为信号 x 的均值和标准差；$E(\cdot)$ 表示求均值。

谱峭度 SK(Spectral kurtosis)概念最早由 Dwyer 提出，起初被定义为短时傅里叶变换基础的归一化四阶矩，2006 年 Antoni 利用条件非平稳过程的 Wold-Cramér 分解将 SK 重新定义为

$$K_x(f) = \frac{C_{4x}(f)}{S_{2x}^2(f)} \quad (4-20)$$

其中，f 为信号 x 的一个频率点；$C_{4x}(f)$ 和 $S_{2x}(f)$ 分别为信号 x 在频率 f 处的 4 阶谱累积量和 2 阶谱瞬时矩。

SK 作为一种能够定位非高斯成分频域位置的统计量，是检测噪声信号中瞬态成分的有效工具，近些年被频繁应用到机械故障诊断领域，取得了良好的效果。如以窄带包络谱峭度为依据成功提取滚动轴承的故障特征；利用谱峭度成功在线检测出齿轮故障；利用自适应谱峭度方法成功诊断了多源故障类型等。本章利用 SK 对瞬态成分的敏感性，将其利用到 TQWT 对早期故障特征成分的提取中，以确定最佳的 Q 因子和变换尺度 j。考察由 TQWT 分解的某一通频带峭度随其瞬态成分含量的关系，如图 4.6 所示，其中，瞬态冲击成分的幅度能量固定。由此看出：当随机噪声及谐波成分很弱时，峭度值明显大于 3，随着随机噪声及谐波等成分的能量逐步增大，峭度值很快下降到 3。通频带峭度值对该通带内瞬态成分的含量非常敏感，瞬态成分含量越高，峭度值越大，当通带内瞬态成分很微弱或没有时，峭度值接近或小于 3。因此，可将机械设备振动信号在不同的 Q 因子和变换尺度 j 下经 TQWT 分解，得到不同频段的通带分量，根据其峭度值的分布情况筛选出最佳的 (Q,j)，进而提取出故障瞬态成分，给故障诊断带来帮助。

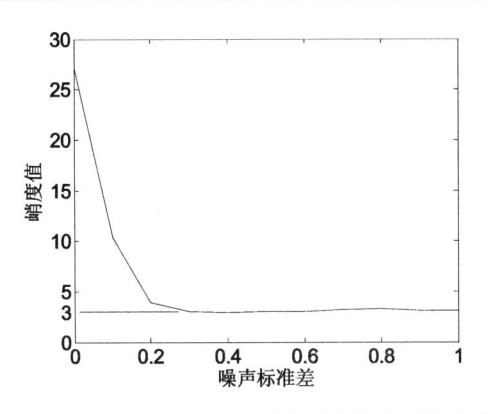

图 4-6　瞬态能量一定时，峭度值与噪声标准差的变化关系

4.2.2　特征提取步骤

由第 4.2.1 节分析可知：在瞬态能量一定的情况下，频带分量的谱峭度越大，说明反映设备故障特征的瞬态冲击成分含量越高；频带分量的谱峭度小于 3，说明该频带不含瞬态特征成分。本章提出的基于 TQWT 早期故障特征提取方法，就是根据谱峭度最大原则确定最佳 Q 因子和变换尺度 j，将设备振动信号在该因子和尺度下进行 TQWT 分解，实现早期故障的有效提取。

由于噪声等信号成分与故障特征成分的频带有部分重叠，即使在最佳的 Q 因子和分解尺度 j 下，设备振动信号经 TQWT 分解后的频带成分仍然含有一定的噪声，需要对其进行降噪处理。相邻系数法利用小波变换相邻系数的大小来实现降噪，本章利用该降噪方法对筛选的通带小波进行降噪处理。其降噪步骤如下。

步骤 1：计算相邻系数值 $s_{j,k}^2 = d_{j,k-1}^2 + d_{j,k}^2 + d_{j,k+1}^2$，其中，$d_{j,k}$ 为变换系数的第 j 层第 k 个系数值，两端取值时 $d_{j,0} = d_{j,1}$，$d_{j,K+1} = d_{j,K}$，K 表示第 j 层系数的总长度。

步骤 2：对相邻系数 $s_{j,k}^2$ 进行阈值处理，即判断 $s_{j,k}^2 > \lambda^2$ 是否成立，若成立，令 $d_{j,k} = d_{j,k}(1 - \lambda^2 / s_{j,k}^2)$；若不成立，令 $d_{j,k} = 0$。其中，阈值 $\lambda = \sigma\sqrt{2\log K}$，这里 $\sigma = \mathrm{median}(|d_{j,k}|)/0.6745$。

对筛选的频带分量经过相邻系数法降噪处理后，按照图 4.3(b) 所示的

TQWT 合成示意图，实施逆 TQWT 变换，其最后合成的信号即为提取的早期故障特征成分。根据上述分析，将基于 TQWT 早期故障特征提取的步骤归纳于图 4-7。

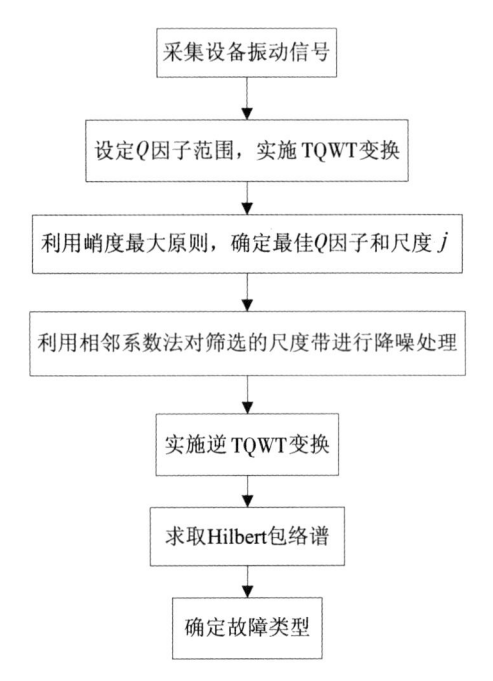

图 4-7 基于 TQWT 的早期故障特征提取步骤

4.2.3 仿真分析

为了验证所提方法对瞬态冲击信号的提取效果，进行仿真分析。设仿真信号包含三个分量：

$$x(t) = x_1(t) + x_2(t) + n(t) \tag{4-21}$$

其中，$x_1(t)$ 为周期性瞬态冲击分量，其单个冲击函数 $\delta(t)$ 为

$$\delta(t) = e^{-2\pi\xi f_n t}\sin(2\pi f_n\sqrt{1-\xi^2}\,t) \tag{4-22}$$

$x_2(t)$ 为谐波分量：

$$x_2(t) = 0.1\sin(2\pi f_r t) + 0.01\cos(4\pi f_r t) \tag{4-23}$$

$n(t)$ 为标准差 0.5 的高斯白噪声。各参数设定值如表 4-1 所示。图 4-8 为三个

第 4 章 基于可调品质因子小波变换的振动故障特征提取技术

分量时域波形,图 4-9 为仿真信号的时域波形、频谱及 Hilbert 包络谱,从中并不能识别重复频率为 100 Hz 的瞬态冲击分量。

表 4-1 仿真信号各参数设定值

固有频率 f_n (Hz)	冲击重复频率 f_0 (Hz)	采样频率 f_s (Hz)	转频 f_r (Hz)	阻尼系数 ξ	采样时间 t (s)
3 000	100	20 000	30	0.1	0.2

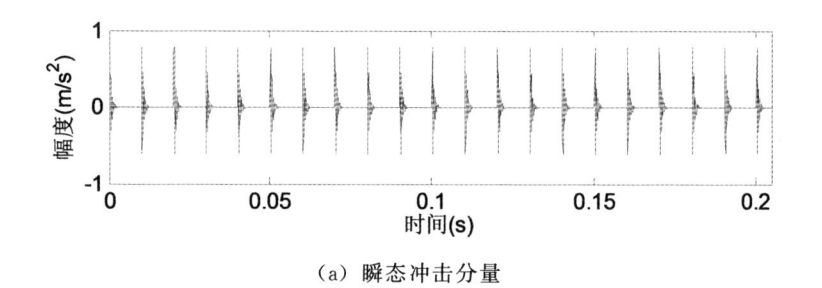

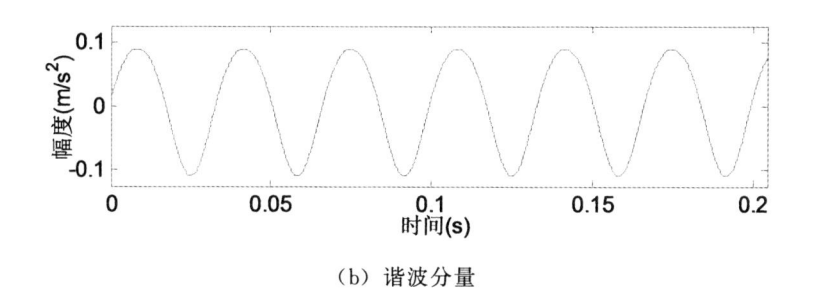

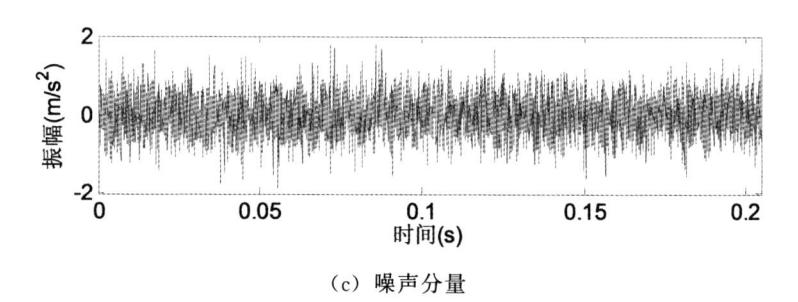

(a) 瞬态冲击分量

(b) 谐波分量

(c) 噪声分量

图 4-8 仿真信号中三个分量时域波形

(a) 时域波形

(b) 频谱

(c) Hilbert 包络谱

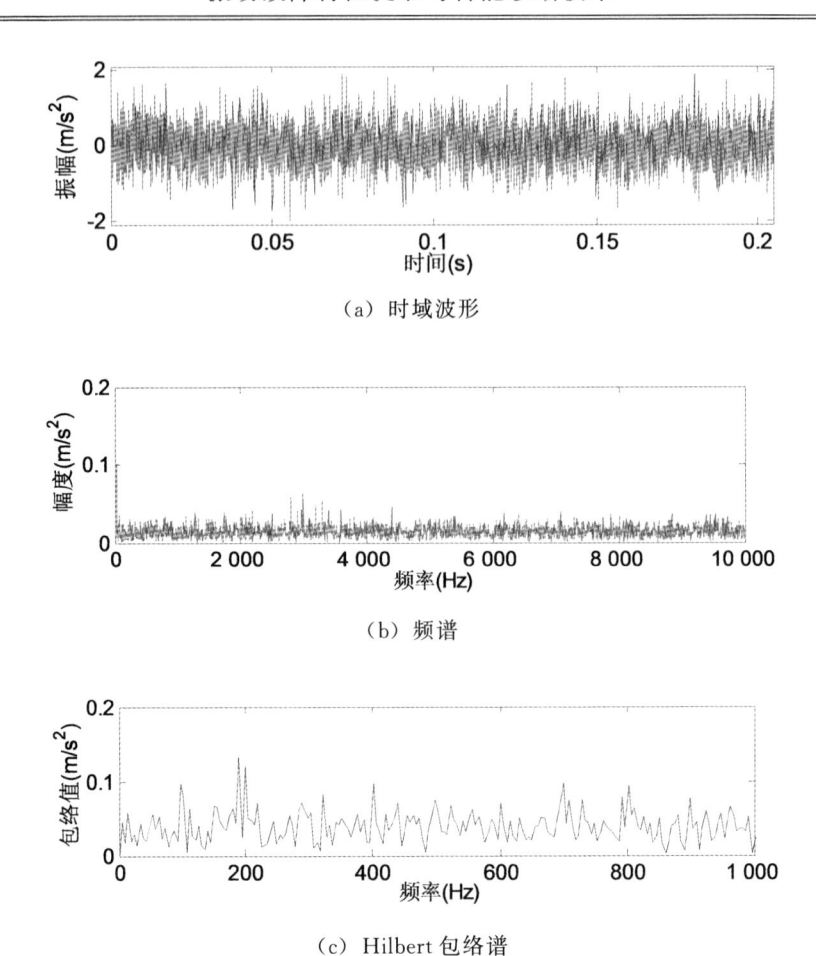

图 4-9 仿真信号的时域波形、频谱及 Hilbert 包络谱

用本章方法对瞬态冲击分量进行特征提取。首先设定 Q 因子范围，因瞬态冲击分量频谱较宽，表现为低共振性，故 Q 设定值不宜过大，将其范围设定为 $[1, 3]$，递增量 $\Delta Q = 0.1$，对仿真信号实施 TQWT 分解；然后求取每个 Q 值下各尺度的峭度值，如图 4-10 所示，在 $Q = 2.5$，$j = 5$ 时，该尺度的峭度值为 5.7447，达到了最大，且在尺度带 $j = 4$ 和 $j = 6$ 处的峭度值明显大于 3，故保留此三个尺度下的系数，其余尺度下的系数设置为零，实施逆 TQWT 变换，得到的重构信号及其包络谱如图 4-11 所示，瞬态冲击分量的重复频率 $f_0 = 100$ Hz 及其倍频突显，但仍含有噪声；最后利用相邻系数降噪方法，对保留的三个尺度带系数进行降噪处理，再实施逆 TQWT 变换，得到的

第4章 基于可调品质因子小波变换的振动故障特征提取技术

重构信号及其包络谱如图4-12所示,可以看出,时域瞬态冲击分量的周期性非常明显,其间隔周期 $T=0.01$ s,Hilbert包络谱图上 $f_0=100$ Hz及其倍频更加突显,初步显示了所提方法的有效性。

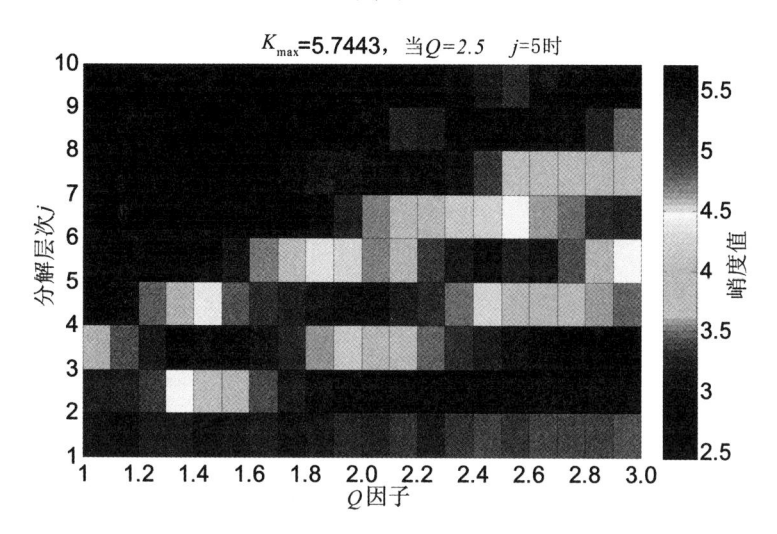

图4-10 仿真信号在不同 Q 因子下经TQWT分解后各尺度的峭度值

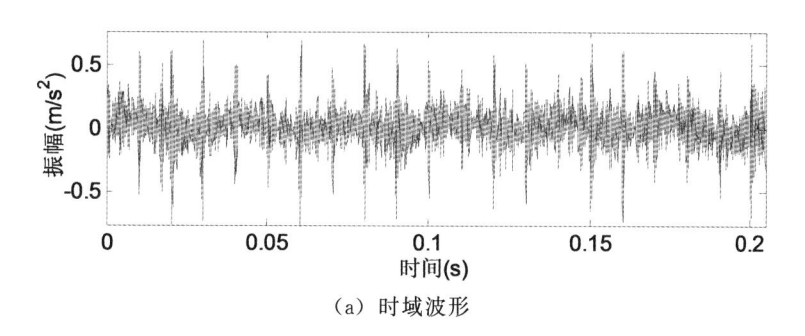

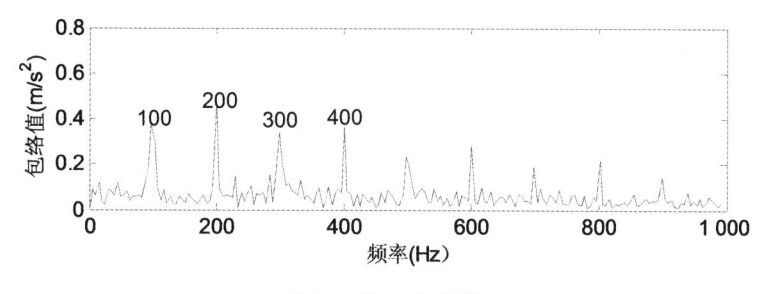

(a) 时域波形

(b) Hilbert包络谱

图4-11 仿真信号经TQWT分解后未降噪的时域波形及Hilbert包络谱

(a) 时域波形

(b) Hilbert 包络谱

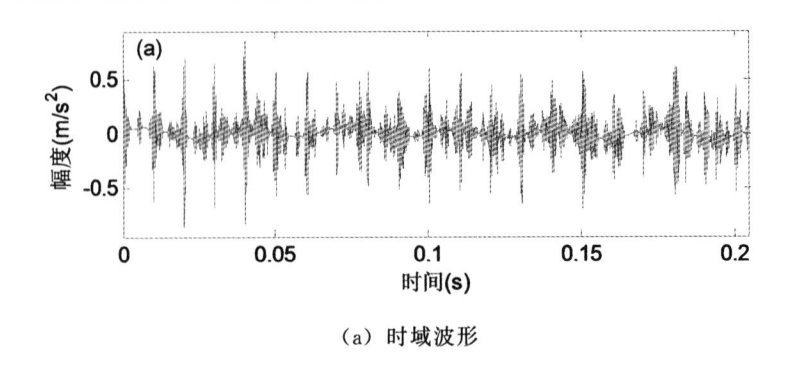

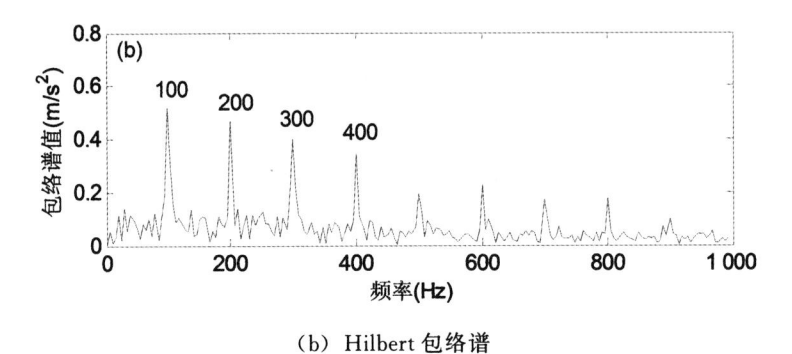

图 4-12　本章方法提取的仿真信号冲击分量时域波形及其 Hilbert 包络谱

将此仿真信号利用 Morlet 小波变换方法进行分析。通过谱峭度最大原则确定 Morlet 复小波的最佳中心频率和带宽，将构建的 Morlet 复小波用于对仿真信号中瞬态冲击分量的提取，提取的冲击分量时域波形及其 Hilbert 包络谱如图 4-13 所示，计算其谱峭度最大值为 15.76，远小于用本章方法提取的冲击分量峭度值 25.14，验证了本章方法相比于传统恒 Q 因子小波变换的优越性。

第4章 基于可调品质因子小波变换的振动故障特征提取技术

(a) 时域波形

(b) Hilbert 包络谱

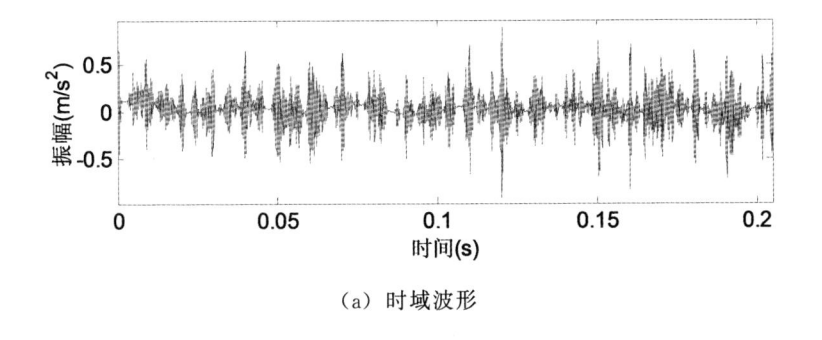

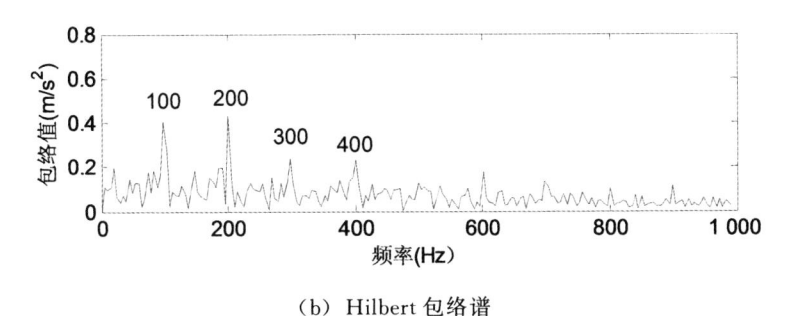

图 4-13 Morlet 小波变换方法提取的仿真信号冲击分量时域波形及其 Hilbert 包络谱

4.3 滚动轴承振动故障特征提取应用实践

为了验证本章方法对机械设备早期故障特征的提取效果，将其应用到滚动轴承的早期故障诊断中。采集的轴承振动信号来自图 4-14 所示的旋转机械故障试验平台，该试验平台由调速电机、转动轴系、轴承支架、齿轮箱及阻尼器等部分组成。振动信号由 IMI M626B03 的加速度传感器采集完成，采集频率为 20 kHz。以转动轴系中型号为 IMIM626B03 的滚动轴承为试验对象，分别在其内环和外环加工小尺寸凹点以模拟早期故障。调节电机转速，使轴承转速为 1 500 r/min。由 N205EM 轴承各参数（滚动体数为 12、滚动体直径为 7.5 mm、接触角为 0°、外径为 52 mm、内径为 25 mm）可分别根据公式 (2-1) (2-2) 算出内、外故障的特征频率约为 $f_i = 176.9$ Hz 和 $f_o = 121.1$ Hz。图 4-15 显示了采集的 0.2 s 时间段内环和外环故障时域波形。

· 67 ·

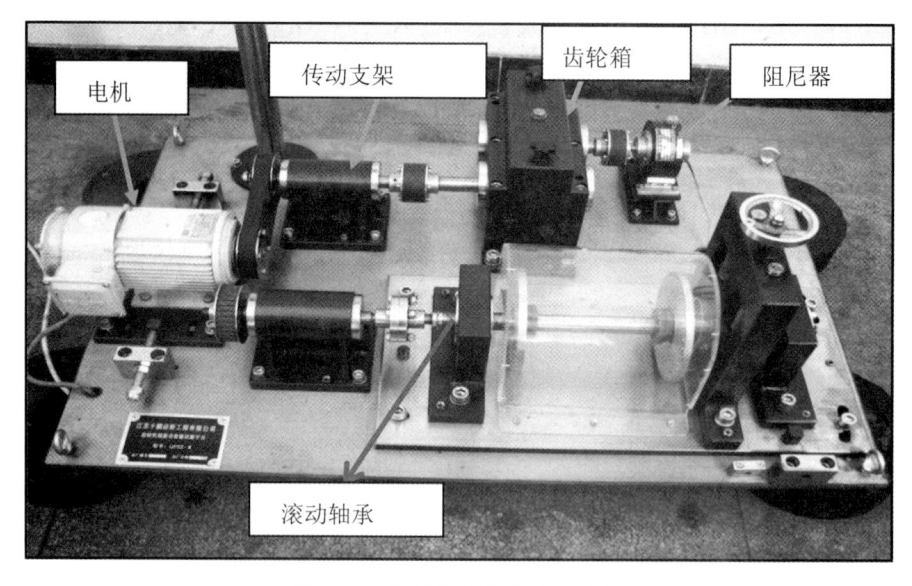

图 4-14　旋转机械故障试验平台

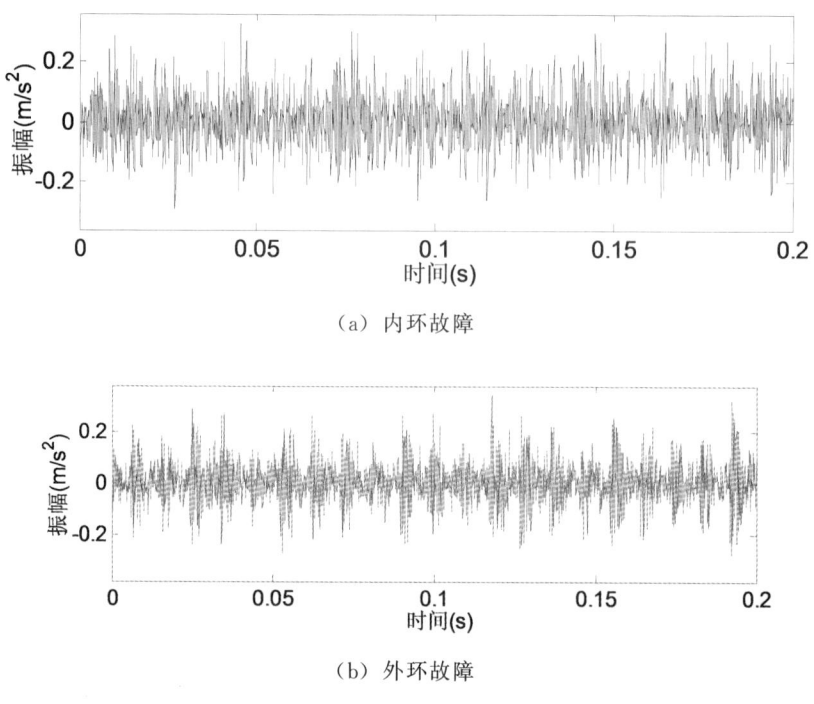

(a) 内环故障

(b) 外环故障

图 4-15　轴承内环、外环故障信号时域波形

分别用本章方法和 Morlet 小波变换方法对内环和外环故障信号进行特征

第 4 章 基于可调品质因子小波变换的振动故障特征提取技术

提取。图 4-16 和图 4-17 分别为本章方法实施 TQWT 变换后得到的峭度值分布情况，其中，设置 Q 因子范围为 $[1,3]$，递增值 $\Delta Q = 0.1$。可以看出，内环故障信号在（$Q=2.5, j=2$）时峭度到达了最大，且当尺度 $j=1、2、3、5$ 时，峭度值明显大于 3；外环故障信号在 $Q=2.8, j=7$ 时峭度到达了最大，且当尺度 $j=2\sim 7$ 时，峭度值明显大于 3。

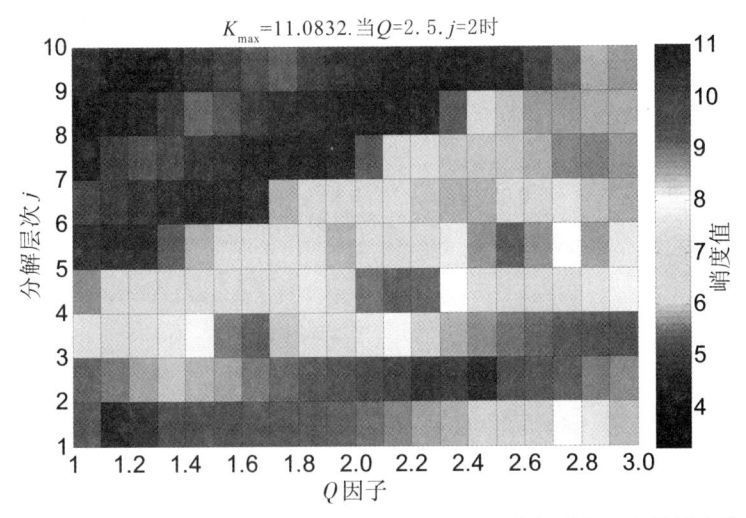

图 4.16 内环故障信号在不同 Q 因子下经 TQWT 分解后各尺度的峭度值

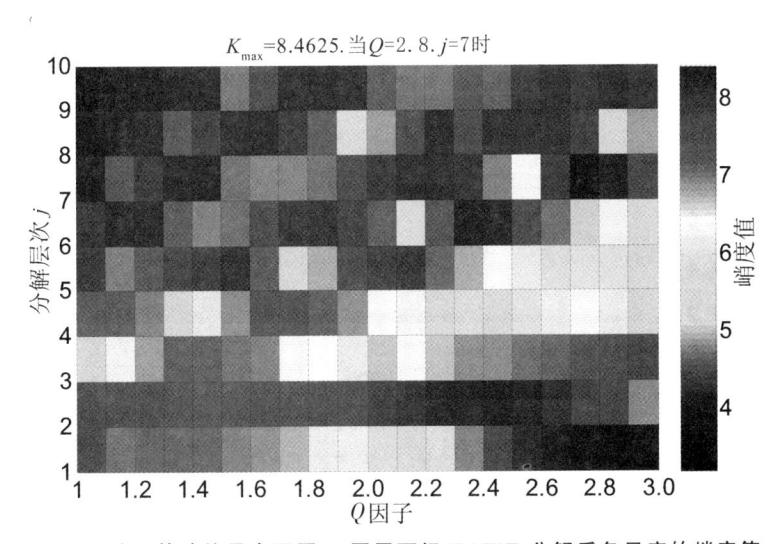

图 4.17 外环故障信号在不同 Q 因子下经 TQWT 分解后各尺度的峭度值

图 4-18 和图 4-19 分别为两种方法提取的内环故障信号特征成分及其

Hilbert 包络谱。图 4-20 和图 4-21 分别为两种方法提取的外环故障信号特征成分及其 Hilbert 包络谱。可以看出：两种方法在一定程度都可有效提取轴承内环和外环故障特征成分，相比于 Morlet 小波变换方法，本章方法提取的特征成分时域噪声较小，Hilbert 包络谱图上故障特征频率更加突出显著。

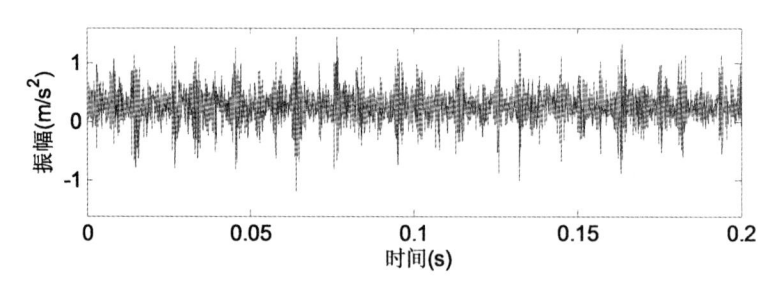

（a）Morlet 小波变换方法

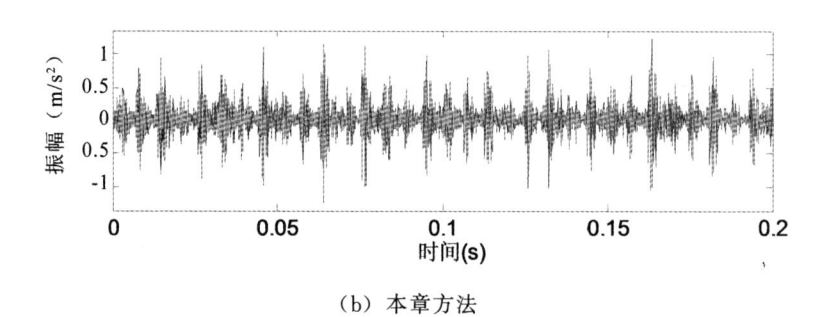

（b）本章方法

图 4-18 两种方法提取的轴承内环故障特征时域波形

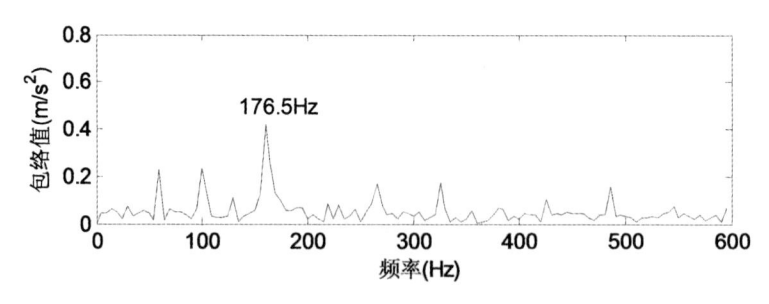

（a）Morlet 小波变换方法

图 4-19 两种方法提取的轴承内环故障特征 Hilbert 包络谱

第4章 基于可调品质因子小波变换的振动故障特征提取技术

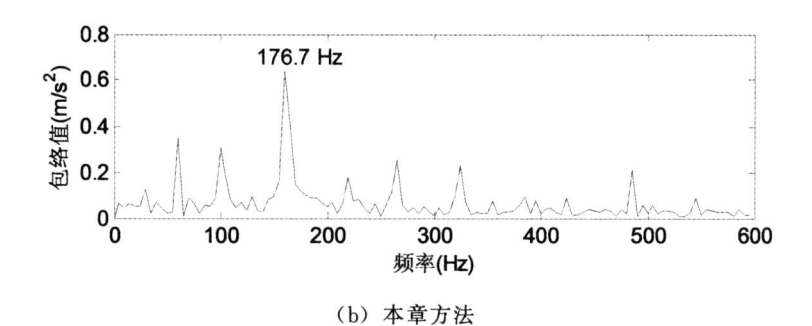

(b) 本章方法

图 4-19 两种方法提取的轴承内环故障特征 Hilbert 包络谱 (续图)

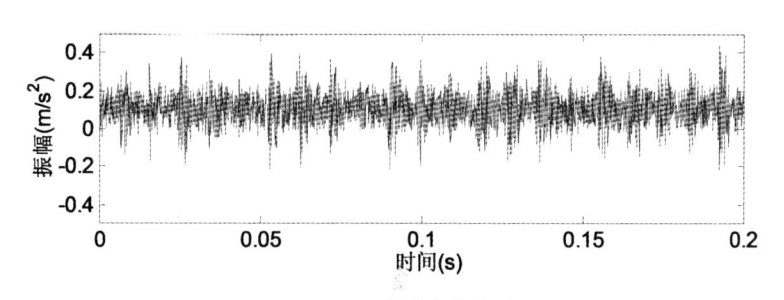

(a) Morlet 小波变换方法

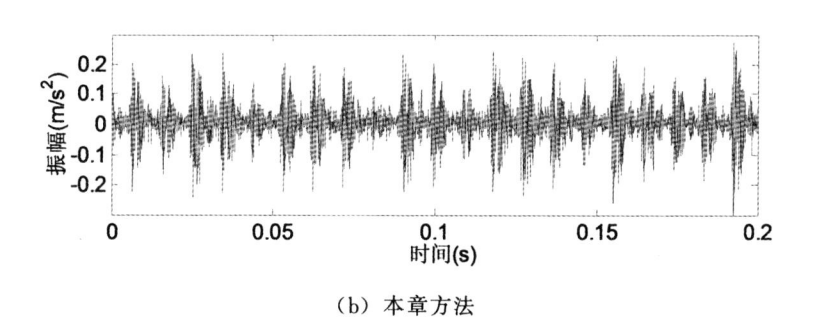

(b) 本章方法

图 4-20 两种方法提取的轴承外环故障特征时域波形

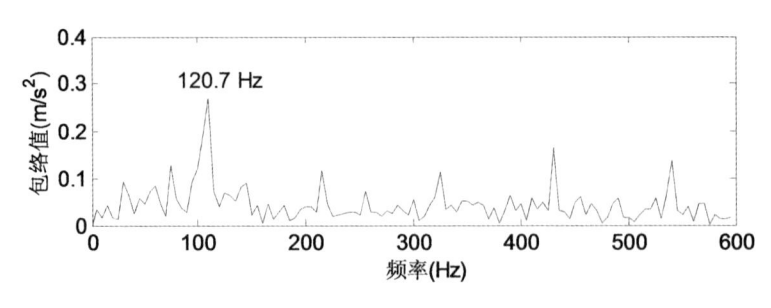

(a) Morlet 小波变换方法

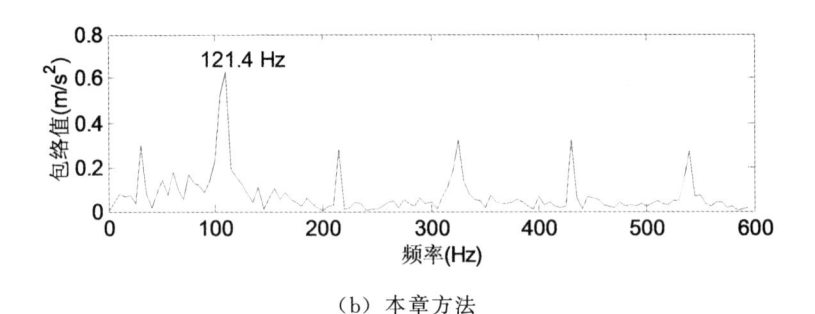

(b) 本章方法

图 4-21　两种方法提取的轴承外环故障特征 Hilbert 包络谱

将 Morlet 小波变换方法与本章方法提取特征成分的峭度值对比,如表 4-2 所示,可以看出,本章方法提取的轴承内环和外环故障特征成分峭度值分别比 Morlet 小波变换方法高出 7.05 和 3.76,说明了本章方法对故障特征的提取能力优于恒 Q 因子小波变换方法,发挥了 TQWT 方法 Q 因子可调的优越性。

表 4-2　两种方法提取的故障特征峭度值对比

方法	内环故障	外环故障
Morlet 小波变换方法	11.68	12.83
本章方法	18.73	16.59

第5章 基于集合经验模态分解的振动故障特征提取技术

集合经验模式分解方法将含噪信号分解为多个固有模式分量，其中包括噪声分量和有用信号分量，根据两者自相关函数特性的不同，提出了利用能量集中比找到噪声分量分界点的自适应降噪方法，并利用改进的软阈值方法拾取噪声分量中的高频有用信号。对不同频率的含噪信号进行降噪处理，结果表明该方法对中低频信号的降噪具有很好的效果。对故障轴承振动信号的降噪效果表明该方法的实用性。

5.1 集合经验模态分解理论

经验模态分解（empirical mode decomposition，EMD）是 Huang 等[1]人于1997年提出的处理平稳及非平稳信号的方法。此方法将信号分解成多个固有模式分量（intrinsic mode function，IMF），这些分量的频率由高到低依次分布，具有很强的频率选层性能，是一种完全自适应的分解方法。但也有其缺点，如存在模式混叠现象、端点效应等。Huang 等[2]人于2008年提出的集合经验模态分解（ensemble empirical mode decomposition，EEMD）将白噪

---

[1] HUANG N E, SHEN Zheng, LONG S R, et al. The empirical mode decomposition and Hilbert spectrum for nonlinear and non-stationary time series analysis [J]. Proceedings of the Royal Society of London. Series A, 1998, 454（1971）: 903-995.

[2] Wu Z H, Huang N E. Ensemble empirical mode decomposition: a noise assisted data analysis method [J]. Advance in Adaptive Data Analysis, 2009, 1（1）: 1-41.

声添加到含有奇异点的信号中,再进行经验模式分解,能有效抑制模式混叠的现象。利用 EMD 和 EEMD 方法对信号降噪分析的例子不少,例如,利用 EEMD 对振动信号分解,根据白噪声分解的各分量能量密度与平均周期之积为常数这一特性,确定噪声分量和有用信号分量的分界点,将噪声分量从振动信号中剔除,但剔除的分量有可能含有有用信号;利用白噪声自相关函数特性,先对含噪信号进行 EMD 分解,再对噪声分量进行软阈值处理,能有效拾取噪声分量中的可能有用信号,但噪声分量和有用分量的分界点只能靠人观察判断,具有一定主观性。

针对噪声分量分解点的求取和拾取噪声分量中的有用信号的问题,基于自相关函数能量集中比的分界点算法,并用了一种改进的软阈值拾取有用信号的方法。首先,对含有噪声的仿真信号和故障轴承的振动信号进行 EEMD 分解,得到频率由高到低的 IMF 分量,求取它们的自相关函数及其能量集中比,依据其值的突变确定噪声分量分界点值;其次,利用改进的软阈值拾取噪声分量中的有用信号;最后,重构信号。

EEMD 是由 EMD 发展起来的信号分解方法,首先分析 EMD 理论。

1. EMD 原理及其模式混叠

EMD 方法可以将任何信号分解成若干个(有限个)固有模式函数分量 IMF,每个 IMF 具备两个条件:①任意点的上下包络线均值为零;②过零点和极值点交叉出现,且两者个数相差至多为 1。满足上述两个条件的各个 IMF 可以为线性的,也可以为非线性的,由这些 IMF 的线性叠加能完全重构出原信号。

Huang 等人[1]给出了完整 EMD 分解步骤,首先找到信号的所有极大值点、极小值点,再利用三次样条函数求上、下包络线,并计算上下包络均值,将原信号减去此均值后,重新求取极值点、上下包络线及包络均值,依次往复,直至不满足给定门限条件。在此分解步骤中,若信号存在奇异点(如间断点或脉冲等),极值点的分布就改变了,影响上下包络线及其均值的求取,

---

[1] HUANG N E, SHEN Zheng, LONG S R, et al. The empirical mode decomposition and Hilbert spectrum for nonlinear and non-stationary time series analysis [J]. Proceedings of the Royal Society of London. Series A, 1998, 454(1971): 903-995.

第5章 基于集合经验模态分解的振动故障特征提取技术

进而影响求取的每个IMF分量,表现为某些IMF不再具备固有模式的两个条件,发生模式混叠现象。

2. EEMD原理及其分解步骤

为了克服EMD模式混叠缺点,EEMD方法将白噪声多次加入原始信号中,以此来平滑奇异点的影响。其分解过程:①在原始信号$x(t)$中添加白噪声,得到含噪$x'(t)$;②对$x'(t)$进行EMD分解,得到对应的IMF;③重复①②M次,要求每次加入原信号白噪声不同,但其标准差相同;(4)将M次对应层的IMF叠加并取平均,作为最后的对应层IMF。

以上分解过程,既利用了白噪声的频谱均匀性,将噪声数据随机分布到合适的时间点上,有效抑制信号奇异点的影响;又利用了白噪声的零均值性能,经过多次平均运算后有效抵消了噪声的影响。

5.2 基于集合经验模态分解的振动故障特征提取方法

利用EEMD分解步骤,将信号分解为频率从高到低IMF分量。实际工程中,噪声往往表现为高频特性,如果能确定高频IMF分量的分界点K,并能拾取含在高频IMF的有用信号,将这些有用信号与低频IMF叠加,就能重构有效信号,提高信噪比,达到降噪目的。如何确定分界点K,下文给出了利用IMF的自相关函数特性的方法。[①]

5.2.1 自相关函数及其能量集中比

随机信号的自相关函数反映了信号与其自身在不同时间点的相似程度,是一种时间域的统计度量方法,其定义为

$$R_x(t_1, t_2) = E[x(t_1)x(t_2)] \tag{5-1}$$

其中,$x(t)$为随机信号,归一化自相关函数表示为

---

① 余发军,周凤星.基于EEMD和自相关函数特性的自适应降噪方法[J].计算机应用研究,2015,32(1):206-210.

$$\rho_x(t_1, t_2) = \frac{R_x(t_1, t_2)}{R_x(0)} \tag{5-2}$$

式中：$R_x(0)$ 表示信号与自身在同一时刻的相关函数值，显然，任何随机信号这一值都为最大值。

考察随机噪声和一般信号的归一化自相关函数的不同，其结果如图 5-1 所示，可以看出：随机噪声的归一化自相关函数值在零点处最大，其余点立即衰减为零；而一般信号（本例选的是 35 Hz 和 50 Hz 正余弦的叠加）归一化自相关函数虽在零点处最大，但其余点并不立即衰减为零，而经过缓慢下降的过程。这由于随机噪声各时间点取值的随机性，表现为弱相关性，而一般信号各时间点取值具有一定关联，表现为较强相关性。

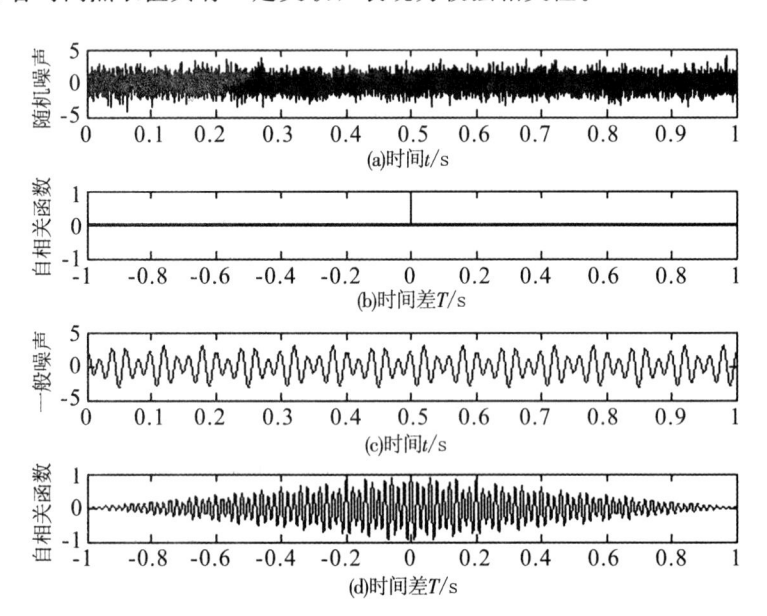

图 5-1 随机噪声和一般信号的归一化自相关函数对比

如何从整体上准确判断出随机信号的自相关性？给出能量集中比定义：随机信号在某段时间内的能量与整个信号的能量之比，其表示为

$$\eta_x(t_1, t_2) = \frac{E_x(t_1, t_2)}{E_x(t)} = \frac{\int_{t_1}^{t_2} x^2(t)\mathrm{d}t}{\int_t x^2(t)\mathrm{d}t} \tag{5-3}$$

其中，$x(t)$ 为随机信号，若其为离散序列，则（5-3）表示为

第5章 基于集合经验模态分解的振动故障特征提取技术

$$\eta_x(n_1, n_2) = \frac{E_x(n_1, n_2)}{E_x(n)} = \frac{\sum_{n_1}^{n_2} x^2(n)}{\sum x^2(n)} \tag{5-4}$$

信号经 EEMD 分解后得到一组 IMF，这组 IMF 对应的归一化自相关函数可以看成是一组随机序列，计算其在零点附近区间的能量集中比，就能判断出序列在零点附近区间的能量集中程度，进而判断出该 IMF 的自相关性的大小。例如，对图 5.1 中的随机噪声和一般信号的归一化自相关函数，计算零点附近区间(这里取[−0.01, 0.01])的能量集中比分别为 0.67 和 0.04，由此看出，随机噪声归一化自相关函数的能量主要集中在零点附近，而一般信号归一化自相关函数的能量在零点附近占比很小。

5.2.2 分界点 K 值和软阈值函数的确定

在(5-4)式基础上计算系数 $p_j (j \geqslant 2)$：

$$p_j = \frac{\left| \eta_j(\Delta n) - \frac{1}{j-1} \sum_{i=1}^{j-1} \eta_i(\Delta n) \right|}{\eta_j(\Delta n)} \tag{5-5}$$

其中，$\eta_j(\Delta n)$ 为第 j 个 IMF 归一化自相关函数在 $[-\Delta n, \Delta n]$ 区间上的能量集中比。前 $j-1$ 个 IMF 都为噪声分量，则其 p_{j-1} 的值都接近 1，而 p_j 的值明显大于 1。因为当 $p_j \geqslant 1$ 时，表明第 j 个 IMF 的自相关性相对于前 $j-1$ 个 IMF 的平均值下降到 50%，据此判断前 $j-1$ 个 IMF 为噪声分量，此时的分界点 K 就为 j 值。对图 5.1 中的两种信号，若令 $p_1 = \eta_1 = 0.67$，$\eta_2 = 0.04$ 则 $p_2 = 15.75$，据此判断第一种信号为噪声信号。

找到分界点 K 后，前 $K-1$ 个 IMF 分量中噪声占主要部分，但除噪声外也含有用信号的高频部分。用类似小波降噪中的软阈值方法提取它们。构造软阈值函数：

$$\text{IMF}'_j(i) = \begin{cases} (1-\mu) \cdot (\text{IMF}_j(i)) + \\ \mu \cdot \text{sgn}(\text{IMF}_j(i))(|\text{im}f_j(i)| - t) & |\text{IMF}_j(i)| \geqslant t_j \\ 0 & |\text{IMF}_j(i)| < t_j \end{cases}$$

$$\tag{5-6}$$

公式(5-6)中通常取 $\mu=0.5$，$t_j=\sigma_j\sqrt{2\ln N}$，$\sigma_j$ 为第 j 个 IMF 的标准差。利用(5-6)式对前 $K-1$ 个 IMF 噪声分量进行滤波，得到新的 IMF 分量，并用(5-7)式重构，即可得到降噪之后的信号。其中，F 为 IMF 总个数。

$$x'(t)=\sum_{i=1}^{K-1}\text{IMF}'+\sum_{i=K}^{F}\text{IMF} \tag{5-7}$$

归纳上述基于 EEMD 和自相关函数特性的降噪步骤：

①对含噪信号 $x(t)$ 进行 EEMD 分解，得到 F 个 IMF 分量；

②求取每个 IMF 分量的归一化自相关函数 $\rho_j(t_1,t_2)(j=1,\cdots,F)$；

③求取 $\rho_j(t_1,t_2)$ 在零点附近区间的能量集中比 $\eta_j(\Delta n)$，并计算对应 $p_j(j=1,\cdots,F)$，其中，$p_1=\eta_1(\Delta n)$；

④判断 $P_j(j=1,\cdots,F)\geqslant 1$ 是否成立，若成立，令 $K=j$；

⑤利用公式(5-6)对前 $K-1$ 个 IMF 进行软阈值处理得到 IMF'；

⑥利用公式(5-7)重构信号 $x'(t)$。

5.2.3 仿真实验

仿真实验首先对低频含噪信号进行降噪处理，再逐渐增加频率，观察验证本降噪方法的有效性。

低频降噪效果如图 5-2 所示，其原始信号为 $x(t)=\cos(50\pi t)+\sin(70\pi t)$，噪声的标准差为 0.3。对其进行 EEMD 分解（令白噪声次数 $M=100$，标准差为 0.01），前 4 个 IMF 及前 3 个归一化自相关函数分别如图 5-3、图 5-4 所示。程序中计算得到的前 3 个 IMF 归一化自相关函数的能量集中比分别为 0.646、0.471 和 0.095（选取零点附近 $[-50,50]$ 点区间），对应的系数 p 分别为 0.646、0.372 和 4.358，所以得分界点 $K=3$。由图 5-3、图 5-4 都可观察出前两个 IMF 为噪声分量，说明了程序判断分界点 K 的准确性。

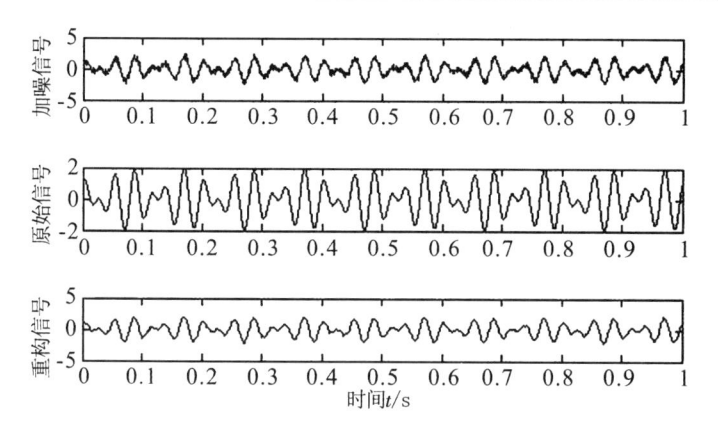

第 5 章 基于集合经验模态分解的振动故障特征提取技术

图 5-2 原始信号、加噪信号和重构信号

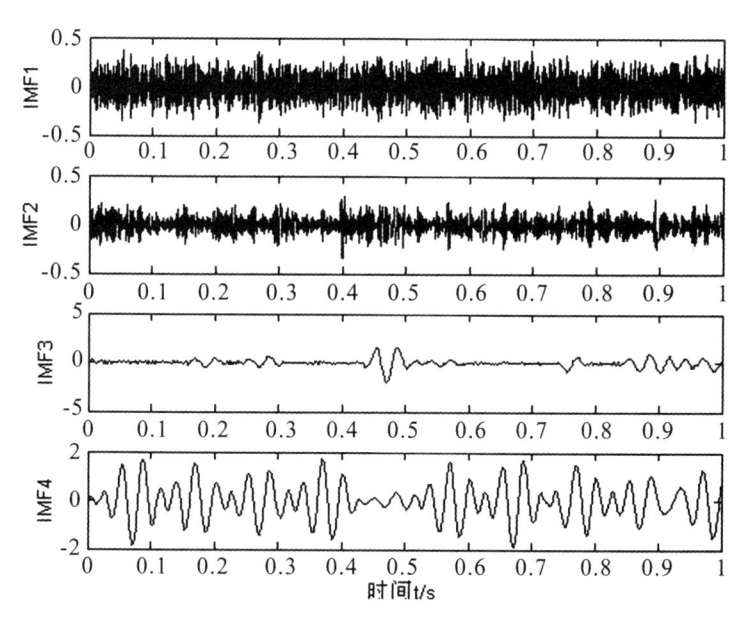

图 5-3 前 4 个 IMF 分量

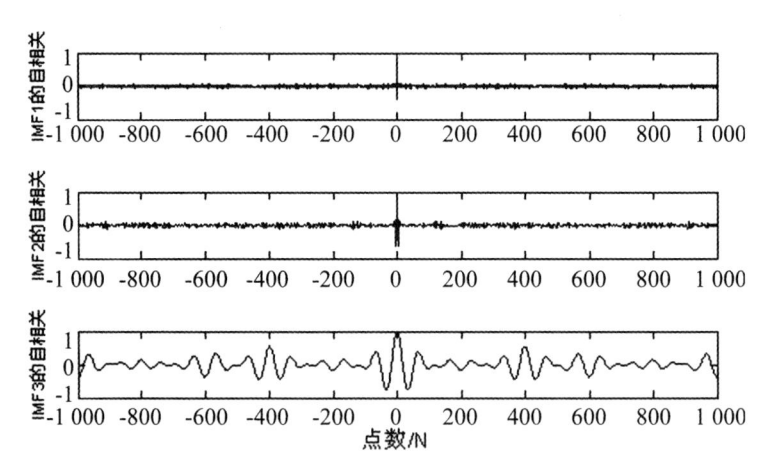

图 5-4 前 3 个 IMF 分量的归一化自相关函数

为了进一步验证本降噪方法的有效性,仿真信号 $x(t)=\cos(2\pi ft)$ 的频率逐渐增加,并测试在不同强度噪声下的降噪效果,数据如表 5-1 所示。其中,降噪性能指标为输出信噪比和输入输出波形相似度,分别定义为(5-8)式和(5-9)式:

$$\mathrm{SNR_o}=10\log\frac{\sigma_x^2}{\sigma_n^2} \tag{5-8}$$

其中,σ_x^2 为输出信号的方差;σ_n^2 为输出信号减去原始未污染信号的方差。

$$\rho_o=\frac{\sum(x-\bar{x})(x'-\bar{x}')}{\sqrt{\sum(x-\bar{x})^2\sum(x'-\bar{x}')^2}} \tag{5-9}$$

其中,x' 为输出信号值;x 为原始未污染信号值。两者分别反映了降效和降噪后信号失真情况。

表 5-1 数据表明:①同一频率下,噪声强度越大,降噪效果越差,且波形失真程度也越大。这是由于噪声与信号数值相当导致 EEMD 分解效果差,区分不开是噪声还是信号;②同一噪声强度下,信号频率越大,降噪效果越差,且降噪后波形失真程度越严重,这是由于高频信号与高频噪声混在一起难以区分。

第 5 章 基于集合经验模态分解的振动故障特征提取技术

表 5-1 不同频率不同强度噪声下降噪结果

频率	50 Hz			200 Hz			1 000 Hz			5 000 Hz		
噪声标准差	0.3	0.7	1	0.3	0.7	1	0.3	0.7	1	0.3	0.7	1
SNR_o	38.79	24.55	18.12	37.79	22.62	15.37	21.07	10.76	7.06	3.34	-0.61	-2.23
ρ_o	0.99	0.97	0.95	0.98	0.95	0.93	0.91	0.87	0.79	0.71	0.59	0.44

仿真过程中,当加入随机噪声标准差小于 0.7 时,用软阈值方法重构前 $K-1$ 个 IMF 都为零;但随着加入噪声强度的增加,重构的 IMF 不再为零。这是因为噪声强度较大时,得到前 $K-1$ 个 IMF 中混有少量有用信号,因此有效拾取这些有用信号是必需的环节。加噪标准差为 0.3、测试频率为 50 Hz 的含噪信号,分别用小波 db6 软阈值降噪、EEMD 分解后再与原始信号自相关性的降噪(简称方法 3)和本书方法三种降噪方法作比较,结果如表 5-2 所示,表明本书降噪方法相对于小波 db6 软阈值降噪和方法 3 具有较明显的优势。

表 5-2 本书降噪方法与小波软阈值及方法 3 降噪对比结果

db6	小波软阈值降噪	方法 3	本书方法
SNR_o	18.268	21.569	23.341
ρ_o	0.873	0.989	0.997

5.3 滚动轴承振动故障特征提取应用实践

本实例原始数据来源于型号为 QPZZ-Ⅱ的旋转机械振动故障试验平台。该试验平台主要由调速电机、传动轴、轴承支架、模拟负载和数据采集等部分组成,其中,数据采集部分由压电加速度传感器和信号采集器完成。

选用型号为 N205EM 的轴承作试验对象,其参数为外径为 52 mm、内径为 25 mm、滚动体数为 12、滚动体直径为 7.5 mm、接触角为 0°。转速设置为 600 r/min,采样频率为 20 kHz,采样时间长度为 1 s,原始信号如图 5.5 所示,采用本书降噪方法后,其降噪效果如图 5.6 所示。降噪后的信号脉冲周期更明显，测量其周期约为 0.020 6 s，对应的频率为 48.53 Hz，这与理论计算外环故障频率 48.3 Hz 基本吻合。

降噪过程中，中间参数如表 5-3 所示。

表 5-3 轴承故障信号用本书方法降噪的数据

F	K	SNR_0	ρ_0
10	5	6.589	0.972

前 4 个 IMF 分量被认为是噪声分量，用(5-6)式进行软阈值处理。取

$$\mu = \frac{t_j}{|\mathrm{IMF}_j(i)| \cdot \exp\left(\sqrt{\frac{|\mathrm{IMF}_j(i)| - t_j}{|\mathrm{IMF}_j(i)| + t_j}}\right)} \tag{5-10}$$

这样有利于平滑过渡，提高重构精度。重构后得到的 IMF 如图 5.7 所示，由此看出，噪声分量中占有很大部分有用信号，所以拾取噪声分量中有用信号至关重要。

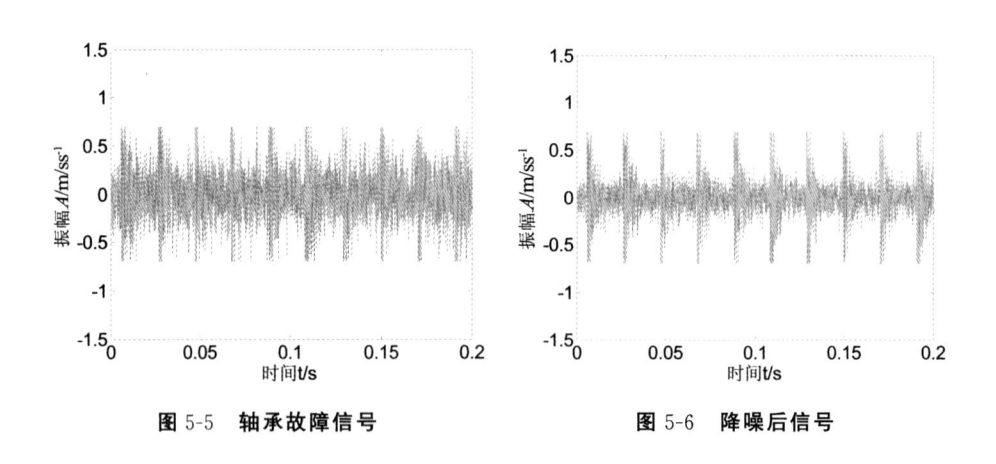

图 5-5 轴承故障信号

图 5-6 降噪后信号

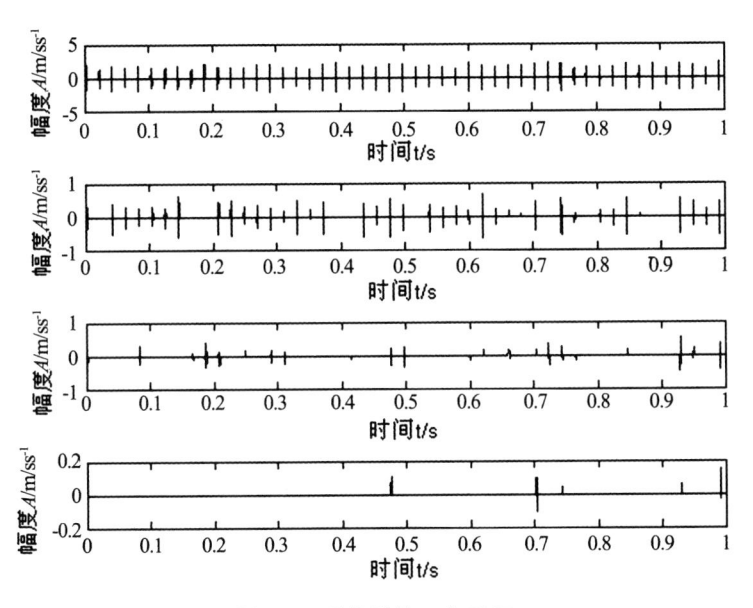

第 5 章 基于集合经验模态分解的振动故障特征提取技术

图 5.7 重构后的 4 个 IMFs

第6章 基于组稀疏分类的智能诊断技术

前面提出的两种早期故障特征提取方法,根据提取的故障特征的包络谱图上特征频率确定故障部件及其故障类型,其前提条件为已知各部件的理论故障特征频率。本章讨论的组稀疏分类诊断方法,属于基于模式分类的诊断方法,避免了理论特征频率的估算,为特征频率未知情况下的单一故障诊断问题提供了一种解决方法。

基于稀疏表示的分类方法(sparse representation-based classification,SRC),作为一种新的模式分类方法,一经提出便在图像识别领域得到快速的应用。然而 SRC 存在分类耗时过长和稀疏系数易分散的问题,不能满足故障诊断的实时性和准确性的要求,限制了其在故障诊断领域中的应用。为此,本章提出基于组稀疏分类的诊断方法,通过引入 L_1-L_2 混合范数的稀疏模型,克服了稀疏系数易分散的问题,利用振动样本的频域稀疏编码和快速求解算法,使得故障诊断准确率和效率得到了显著提高。

6.1 信号组稀疏分类理论

6.1.1 稀疏分类

1993 年 S. Mallat[①] 提出的基于时频字典的匹配追踪算法(matching

---

① Mallat S. G., Zhang Z. Matching pursuits with time-frequency dictionaries [J]. IEEE Transactions on Signal Processing. 1993,41(12):3397-3415.

第6章 基于组稀疏分类的智能诊断技术

pursuit，MP)开辟了信号稀疏分解时代，之后，稀疏表示方法及其衍生方法得到了快速发展，并在多个学科得到了广泛应用。基于稀疏表示的分类方法，简称稀疏分类方法，是稀疏表示的衍生方法之一，该方法最早由 Huang K. 于 2006 年提出，用于分类一维信号。J. Wright 于 2008 年[1]提出了 SRC 方法的具体分类原理及实现步骤，并将其应用于人脸识别中，为二维图像的识别分类提供了一种新途径。

假定矩阵 $A \in R^{m \times n}$ 是训练样本集，其包含 K 个类别、共 n 个训练样本信号，每个训练样本信号采样点数为 m；$y \in R^m$ 为一测试样本信号。若以 A 为字典对 y 进行稀疏表示，则可表达为如下优化模型：

$$\hat{\pmb{\alpha}} = \arg\min_{\alpha} \|\pmb{\alpha}\|_0 \text{ s. t. } \|\pmb{y} - \pmb{A}\pmb{\alpha}\|_2^2 \leqslant \varepsilon \tag{6-1}$$

其中：$\pmb{\alpha}$ 为 $n \times 1$ 稀疏系数向量，$\|\pmb{\alpha}\|_0$ 表示 $\pmb{\alpha}$ 中非零元素个数，ε 代表稀疏逼近的误差限，其值大于零。

由稀疏表示的理论可知：A 中与 y 结构形态(也即波形)相似的样本信号，其对应的稀疏系数较大，用该样本信号去稀疏逼近 y 的误差较小；而与 y 结构形态不相似的样本信号，其对应的稀疏系数较小，用该样本信号去稀疏逼近 y 的误差较大。若要使 $\|\pmb{\alpha}\|_0$ 最小且稀疏逼近误差满足要求，则 A 中与 y 结构形态相似的样本信号得以优先选择以稀疏表示 y，这一过程等价于在 A 中找出与 y 结构形态最相似的少量样本。若将具有同类结构形态的样本信号组合成子训练样本集，则可借助于各子训练样本集与 y 的稀疏逼近误差，判断 y 的类别。SRC 方法正是基于这一思想实现对一维信号和二维图像进行分类识别的。

上述分析的稀疏分类原理，可归纳为两个步骤：一是对未知类别的测试信号在训练样本集上稀疏分解，求取稀疏系数，表达为(6-1)式；二是利用各子类训练样本集稀疏逼近测试信号，找出逼近误差最小的子类，即为测试信号所属类别，表达为(6-2)式

$$\text{identity}(\pmb{y}) = \arg\min_i \{e_i\} \tag{6-2}$$

---

[1] Huang Sheng, Yang Yu, Yang Dan, et al. Class specific sparse representation for classification [J]. Signal Processing, 2015, 116(1): 38-42

其中，$e_i = \|y - A_i\hat{\alpha}_i\|_2$，$A_i$ 和 $\hat{\alpha}_i$ 分别为第 i 个子类训练样本集和该子类样本集所对应的子稀疏系数向量。

在实际的 SRC 应用中，由于(6-1)式优化模型是 NP 难解问题，难以求取完全解，因此，常利用 L_1 范数取代(6-1)式中 L_0 范数以求出近似解，即(6-1)式转化为

$$\hat{\alpha} = \arg\min_{\alpha} \|\alpha\|_1 \text{ s.t. } \|y - A\alpha\|_2^2 \leqslant \varepsilon \tag{6-3}$$

其中，$\|\alpha\|_1 = \sum_{i=1}^{n} |\alpha_i|$。

(6-3)式是典型的凸优化问题，可通过基追踪(basis pursuit，BP)类算法求解。已经证实，当所求解足够稀疏时，L_1 范数优化问题的解与 L_0 范数的解相等。将 SRC 算法基本流程总结于表 6-1。

表 6-1 SRC 算法基本流程

输入：训练样本矩阵 $A = [A_1, \cdots, A_K] \in \mathbf{R}^{m \times n}$，测试样本 $y \in \mathbf{R}^m$，逼近误差限 ε
(1)对 A 中每个列向量进行归一化处理，使其 L_2 范数为单位 1；
(2)求解 L_1 范数最优化问题，即

$$\hat{\alpha} = \arg\min_{\alpha} \|\alpha\|_1 \text{ s.t. } \|y - A\alpha\|_2^2 \leqslant \varepsilon$$

(3)计算每个类别的稀疏逼近误差

$$e_i = \|y - A_i\hat{\alpha}_i\|_2, (i = 1, 2, \cdots, K)$$

(4)输出：测试样本 y 的所属类别

$$identity(y) = \arg\min_i \{e_i\}$$

6.1.2 SRC 对机械振动信号分类的不足

SRC 方法凭借样本与样本的原始全局关系实现归类，避免了人为计算或筛选提取特征量并不能准确反映不同样本类之间的差别问题，这一特性是其他分类器(诸如支持向量机、神经网络等)难以企及的。因而，自 SRC 方法诞生以来，以该方法为核心的模式识别技术在人脸识别、指纹识别、生物医学信号分类及遥感探测等领域得到了快速应用，表现出优越性能。

第6章 基于组稀疏分类的智能诊断技术

然而，SRC方法有两个不足之处：一是求解 L_1 范数模型耗时长的问题；二是采用 L_1 范数模型得到的稀疏系数比较分散的问题。求解 L_1 范数模型所耗时间长，提倡以 L_2 范数模型为基础的稀疏分类方法，即协同表示分类（collaborative representation-based classification，CRC），其表达为

$$\hat{\boldsymbol{\alpha}} = \arg\min_{\boldsymbol{\alpha}} \|\boldsymbol{\alpha}\|_2 \text{ s.t. } \|\boldsymbol{y} - \boldsymbol{A}\boldsymbol{\alpha}\|_2^2 \leqslant \varepsilon \tag{6-4}$$

其中，$\|\boldsymbol{\alpha}\|_2 = \left(\sum_i |\boldsymbol{\alpha}_i|^2\right)^{1/2}$。

显然(6-4)式的正则化模型是个二次规划问题，求其解耗时很短，故 L_2 范数模型大大缩短了计算时间。第二个问题则是，L_1 范数模型的稀疏系数分散问题，会出现在一个相关类中只选取一个样本的情况，并提出以 L_1-L_2 混合范数模型为基础的稀疏分类方法，即类特性稀疏表示分类（class specific sparse representation-based classification，CSSRC），以提高同类样本稀疏系数的集中度。CSSRC 的 L_1-L_2 混合范数模型表达为

$$\hat{\boldsymbol{\alpha}} = \arg\min_{\boldsymbol{\alpha}} \sum_{i=1}^{K} \|\boldsymbol{\alpha}_i\|_2 \text{ s.t. } \|\boldsymbol{y} - \boldsymbol{A}\boldsymbol{\alpha}\|_2^2 \leqslant \varepsilon \tag{6-5}$$

其中，$\boldsymbol{\alpha} = [\boldsymbol{\alpha}_1, \cdots, \boldsymbol{\alpha}_K]^T$，$\boldsymbol{\alpha}_i$ 为第 i 类的稀疏系数子向量。

机械设备运行状态的在线监测与诊断，要求对设备的振动信号处理是实时的，以 L_1 范数模型为基础的 SRC 方法分类耗时长，这不满足设备的在线状态监测及诊断的实时性要求；高频采集的机械振动信号往往含有强背景噪声，利用 SRC 求取的稀疏系数易受背景噪声影响会更分散，极易出现同一故障类型的样本不被选中的情况，进而错误归类、诊断失败。因此，上述两个不足限制了 SRC 在机械故障诊断领域的应用。

6.1.3 组稀疏分类

为了克服稀疏分类方法中容易产生稀疏系数分散的问题，以混合范数为模型的组稀疏表示（group sparse representation，GSR）[1]得以提出，并应用在分类算法中。本节主要阐述 GSR 的模型及快速求解算法。

---

[1] Majumdar A., Ward R. K. Classification via group sparsity promoting regularization. IEEE International Conference on Acoustics[J]. Speech and Signal Processing, 2009, 38(5): 861-864.

假设测试样本 $y \in \mathbf{R}^m$ 属于第 k 个类别,若用训练样本的线性组合表示 y,则可表达为

$$y = A\alpha + \varepsilon \tag{6-6}$$

其中,$A = [\underbrace{v_{1,1}, v_{1,2}, \cdots, v_{1,n_1}}_{A_1}, \cdots, \underbrace{v_{k,1}, v_{k,2}, \cdots, v_{k,n_k}}_{A_k}, \cdots,$
$\underbrace{v_{K,1}, v_{K,2}, \cdots, v_{K,n_K}}_{A_K}] \in \mathbf{R}^{m \times n}$ 为包含 K 种类别共 n 个训练样本的集合;
$\alpha = [\underbrace{\alpha_{1,1}, \alpha_{1,2}, \cdots, \alpha_{1,n_1}}_{\alpha_1}, \cdots, \underbrace{\alpha_{k,1}, \alpha_{k,2}, \cdots, \alpha_{k,n_k}}_{\alpha_k}, \cdots,$
$\underbrace{\alpha_{K,1}, \alpha_{K,2}, \cdots, \alpha_{K,n_K}}_{\alpha_K}]^\mathrm{T} \in \mathbf{R}^{n \times 1}$ 为组合系数向量。

组稀疏表示的目标是使 α 中第 k 个类别对应的子系数向量 α_k 有多数非零元素、而其他类别对应的子系数向量的元素为零或接近零,即 $\alpha_k \neq \mathbf{0}$ 且 $\alpha_i \cong \mathbf{0}$,($i = 1, \cdots, k-1, k+1, \cdots, K$)。显然,组稀疏表示强调的是同类别样本的集中表示、而其他类别样本用稀疏系数表示。由此,可将组稀疏表示问题表达为如下优化模型:

$$\hat{\alpha} = \arg\min_{\alpha} \|\alpha\|_{2,0} \text{ s.t. } \|y - A\alpha\|_2^2 \leqslant \varepsilon \tag{6-7}$$

其中,$\|\alpha\|_{2,0} = \sum_{i=1}^{K} I(\|\alpha_i\|_2 > 0)$,这里 $I(\|\alpha_i\|_2 > 0) = \begin{cases} 1, & \text{if } \|\alpha_i\|_2 > 0 \\ 0, & \text{else} \end{cases}$。由于(6-7)优化模型也是 NP 难解问题,对此,将其转化为凸优化的替代模型:

$$\hat{\alpha} = \arg\min_{\alpha} \|\alpha\|_{2,1} \text{ s.t. } \|y - A\alpha\|_2^2 \leqslant \varepsilon \tag{6-8}$$

其中,$\|\alpha\|_{2,1} = \sum_{i=1}^{K} \|\alpha_i\|_2$。

由(6-8)式的优化模型可以看出,组稀疏表示一方面通过 L_1 范数约束稀疏系数的组稀疏度,使各组稀疏系数子向量的 L_2 范数之和最小,即要求从 K 个类别中选择最少的类表示待测样本 y;另一方面通过 L_2 范数约束各组稀疏系数子向量内的稀疏度,使各组稀疏系数子向量的模最小,即要求从所选的类别中选择最佳相关训练样本表示待测样本 y。因此,组稀疏表示克服了以 L_1 范数为基础的 SRC 稀疏系数分散的问题,保证了同类别训练样本的集中选择,使其在机械故障诊断方面的有效应用成为可能。

6.1.4 快速求解算法

将(6-8)式优化模型转化为正则化的最小平方模型,表达为

$$\hat{\boldsymbol{\alpha}} = \arg\min_{\boldsymbol{\alpha}} \left\{ f(\boldsymbol{\alpha}) = \frac{1}{2}\|\boldsymbol{y} - \boldsymbol{A}\boldsymbol{\alpha}\|_2^2 + \gamma \|\boldsymbol{\alpha}\|_{2,1} \right\} \quad (6\text{-}9)$$

其中,$\gamma \in [0, 1]$为正则化的参数。模型(6-9)是个典型的组 LASSO[110]问题,可借助于多种现已存在的算法求解其他,如块协同下降法(block-coordinate descent,BCD)、欧几里得投影法(sparse learning with euclidean projection,SLEP)、交替方向法(alternating direction method,ADM)及块稀疏匹配追踪法(block sparsity based match pursuit,B-OMP)等。由于 SLEP 算法具有求解的快速性和全局收敛性,所以本书选择 SLEP 算法作为求解 GSR 稀疏系数的基本方法。

SLEP 算法的求解过程如下。

步骤 1:先对二次平方项在某个点处进行泰勒级数展开。即令 $\mathrm{loss}(\boldsymbol{\alpha}) = \frac{1}{2}\|\boldsymbol{y} - \boldsymbol{A}\boldsymbol{\alpha}\|_2^2$ 代表连续凸代价函数,将 $\mathrm{loss}(\cdot)$ 在点 $\boldsymbol{\alpha}_0$ 处进行一阶泰勒级数展开,则(6-9)式中 $f(\cdot)$ 可表达为

$$M_{L,\boldsymbol{\alpha}_0}(\boldsymbol{\alpha}) = \mathrm{loss}(\boldsymbol{\alpha}_0) + \mathrm{loss}'(\boldsymbol{\alpha}_0)(\boldsymbol{\alpha} - \boldsymbol{\alpha}_0) + \frac{L}{2}\|\boldsymbol{\alpha} - \boldsymbol{\alpha}_0\|_2^2 + \gamma \|\boldsymbol{\alpha}\|_{2,1}$$

$$(6\text{-}10)$$

其中,$\mathrm{loss}'(\cdot)$ 为 $\mathrm{loss}(\cdot)$ 的一阶导函数;$\frac{L}{2}\|\boldsymbol{\alpha} - \boldsymbol{\alpha}_0\|_2^2$ 为一阶泰勒级数展开的余项,参数 L 弥补由 $\boldsymbol{\alpha}_0$ 与 $\boldsymbol{\alpha}$ 的偏离导致的误差。

步骤 2:应用 Armijo-Goldstein 线搜索法和加速梯度下降法求取近似解。设 $\boldsymbol{\alpha}_i$ 为第 i 次迭代运算的近似解,则搜索点 s_i 可表达为

$$s_i = \boldsymbol{\alpha}_i + \lambda_i(\boldsymbol{\alpha}_i - \boldsymbol{\alpha}_{i-1}) \quad (6\text{-}11)$$

其中 λ_i 为第 i 次调节系数。第 $(i+1)$ 次迭代运算的近似解 $\boldsymbol{\alpha}_{i+1}$ 可通过求解最小化 $M_{L_i, s_i}(\boldsymbol{\alpha})$ 获得,即

$$\boldsymbol{\alpha}_{i+1} = \arg\min_{\boldsymbol{\alpha}} \left\{ M_{L_i, s_i}(\boldsymbol{\alpha}) = \mathrm{loss}(s_i) + \mathrm{loss}'(s_i)(\boldsymbol{\alpha} - s_i) + \frac{L_i}{2}\|\boldsymbol{\alpha} - s_i\|_2^2 + \gamma \|\boldsymbol{\alpha}\|_{2,1} \right\}$$

(6-12)

其中，L_i 的值由 Armijo 戈德斯坦线搜索规则获得，使 $\boldsymbol{\alpha}_{i+1}$ 处于 $\boldsymbol{s}_i$ 的临近区间内取值。将(6-12)式的求解过程转化为

$$\boldsymbol{\alpha}_{i+1} = \pi_{12}(\boldsymbol{s}_i - \text{loss}'(\boldsymbol{s}_i)/L_i, \ \gamma/L_i) \tag{6-13}$$

其中 $\pi_{12}(\cdot)$ 为 L_1-L_2 范数的欧几里得映射函数，定义为

$$\pi_{12}(\boldsymbol{v}, \ \gamma) = \arg\min_{\boldsymbol{\alpha}} \left\{ \frac{1}{2} \|\boldsymbol{\alpha} - \boldsymbol{v}\|_2^2 + \gamma \|\boldsymbol{\alpha}\|_{2,1} \right\} \tag{6-14}$$

将(6-14)式拆解成 K 个独立的 L_2 范数形式得

$$\pi_2(\boldsymbol{v}_k) = \arg\min_{\boldsymbol{\alpha}_k} \left\{ \frac{1}{2} \|\boldsymbol{\alpha}_k - \boldsymbol{v}_k\|_2^2 + \gamma \|\boldsymbol{\alpha}_k\|_2 \right\} \tag{6-15}$$

其中，$\boldsymbol{\alpha}_k$ 和 $\boldsymbol{v}_k$ 分别为 $\boldsymbol{\alpha}$ 和 $\boldsymbol{v}$ 中第 k($k=1, 2, \cdots, K$)组对应的子向量。显然，(6-15)式为二次平方优化问题，其解为

$$\boldsymbol{\alpha}_k = \begin{cases} \dfrac{\|\boldsymbol{v}_k\|_2 - \gamma}{\|\boldsymbol{v}_k\|_2} \boldsymbol{v}_k, & \text{if } \|\boldsymbol{v}_k\|_2 \geqslant \gamma \\ 0, & \text{else} \end{cases} \tag{6-16}$$

步骤 3：更新参数 λ_{i+1}，其更新规则为

$$\lambda_{i+1} = \frac{t_{i-1} - 1}{t_i} \tag{6-17}$$

其中，$t_i = (1 + \sqrt{1 + 4t_{i-1}^2})/2$。

上述三个步骤重复多次，直到目标函数 $f(\cdot)$ 收敛到一个最小值结束，为了更好显示 SLEP 求解 GSR 稀疏系数过程，将其总结于表 6-2。

表 6-2　组稀疏表示的快速求解算法

输入：训练样本 $A\in\mathbf{R}^{m\times n}$、测试样本 $y\in\mathbf{R}^m$、正则化参数 γ、组标签向量 P、逼近误差 ε
(1) 初始化：$\boldsymbol{\alpha}_1=\boldsymbol{\alpha}_0=[\mathbf{0}]$、$t_{-1}=0$，$t_0=1$、$L_0=1$
(2) 外循环 For $i=1,2,\cdots,$ do
(3) 设置 $\lambda_i=(t_{i-2}-1)/t_{i-1}$； 　　$s_i=\boldsymbol{\alpha}_i+\lambda_i(\boldsymbol{\alpha}_i-\boldsymbol{\alpha}_{i-1})$
(4) 内循环 For $j=0,1,\cdots,$ **do**
(5) 设置 $L=2^j L_{i-1}$； 　　$\boldsymbol{\alpha}_{i+1}=\pi_{12}(s_i-\text{loss}'(s_i)/L,\gamma/L)$
(6) 若 $\|A(\boldsymbol{\alpha}_{i+1}-s_i)\|_2^2 \leqslant L\|(\boldsymbol{\alpha}_{i+1}-s_i)\|_2^2$ 成立，设置 $L_i=L$；并跳出内循环
(7) 内循环结束
(8) 更新 $t_i=(1+\sqrt{1+4t_{i-1}^2})/2$；
(9) 若目标误差 $f(\boldsymbol{\alpha}_i)-f(\boldsymbol{\alpha}_{i-1})\leqslant\varepsilon$ 成立，设置 $\boldsymbol{\alpha}=\boldsymbol{\alpha}_i$；跳出外循环
(10) 外循环结束
输出：组稀疏系数向量 $\boldsymbol{\alpha}$

6.2　基于组稀疏分类的故障诊断方法

6.2.1　诊断原理

以振动分析为基础的机械故障诊断技术，通过安装在设备若干位置处的加速度传感器采集其振动信号，将这些振动信号收集并存储起来，可凭借两种方案确定其故障类型：一是利用特征频率，即不同故障类型具有不同的特征频率；二是凭借各故障类型下振动信号的差异性，对这些振动信号进行分类以确定不同的故障类型。在内部结构和部件参数未知的情况下，其各个部件特征频率无法求取，因此，方案一无法奏效，只能借助于方案二实现对特征频率未知情况下的故障诊断。

组稀疏表示（group sparse representation，GSR）利用待测样本与测试样本

的全局波形关系实现对待测样本的稀疏表示,克服了稀疏表示的系数容易分散的问题,并避免了其他分类器的特征参数选取问题。本节具体阐述基于组稀疏表示的分类方法及其在故障诊断中的应用原理。

设备常见故障类型的振动信号通过加速度传感器采集并存储在计算机中,这一点对于具有大容量存储空间的计算机来说很容易做到。将这些已知故障类型的振动信号按故障类别分组,每一组代表一种故障类型,将这些所有可能故障类型的振动信号样本组成一个训练样本集,而将当前监测的机械设备振动信号作为一个待测样本,通过将该待测样本在已知故障类型的训练样本集上进行组稀疏表示,再利用每组(即每种故障类型)的稀疏系数子向量进行稀疏逼近,找出具有最小稀疏逼近的误差的那个组别,即为当前待测样本的类别,其故障类型就可以判断出来。这就是基于组稀疏表示的单一故障诊断的基本思想。

一方面,由于机械设备的振动信号采样频率非常高,并且往往含有背景噪声;另一方面,由于转速、负载及其他因素等随时间发生变化,因此这些振动信号是非平稳。这意味着振动信号的许多统计量是时变的,来自不同故障类型振动信号样本的瞬时值和波形显著不同,即使来自同一故障类型的振动信号样本,也会因为采样起始时间不同而表现出不同的瞬时值和波形。因此,在实际实施中,如果稀疏分解的字典(即训练样本集)直接由时域的振动信号集构造而成,则分类的效果会受样本的采样起始点和噪声强度的影响。

为了克服上述问题,需将训练样本集转化至频域,因为来自同一故障类别的振动信号虽然在时域受采样起始点和噪声影响表现出不同瞬时值,却在频域具有相似的谱分布。这里,采用离散傅里叶变换(discrete Fourier transform,DFT)将训练样本振动信号转换成傅里叶系数,即

$$F_x(k) = \text{DFT}[x] = \sum_{i=1}^{m} x(i) e^{-j\frac{2\pi}{N}ik}, \ k=1, 2, \cdots, N \quad (6\text{-}18)$$

其中,$x \in \mathbf{R}^m$ 表示一个时域振动信号样本;N($N \leqslant m$)表示 DFT 的总点数;$F_x \in \mathbf{C}^N$ 为 x 经 DFT 变换后所得的复系数序列。将每个样本的 DFT 复系数的模序列作为一个原子,构造出用于组稀疏表示的字典 $D \in \mathbf{R}^{N \times n}$,即

$$D = [\text{abs}(F_{v_1}), \text{abs}(F_{v_2}), \cdots, \text{abs}(F_{v_n})] \quad (6\text{-}19)$$

第6章 基于组稀疏分类的智能诊断技术

同理,对当前监测的设备振动信号 y 也进行 DFT 转换至频域,得到其复系数的模序列 $y_f = abs(F_y)$。

再利用表 6-2 中描述的快速算法求解(6-20)式的组稀疏表示优化问题:

$$\hat{\pmb{\alpha}} = \arg\min_{\pmb{\alpha}}\left\{\frac{1}{2}\|\pmb{y}_f - \pmb{D}\pmb{\alpha}\|_2^2 + \gamma\|\pmb{\alpha}\|_{2,1}\right\} \tag{6-20}$$

最后,利用各组稀疏逼近误差的最小值判断对当前监测的设备振动信号 y 的所属故障类别,即

$$\text{identity}(\pmb{y}) = \arg\min_{k}\{e_k\} \tag{6-21}$$

其中,: $e_k = \|\pmb{y}_f - \pmb{D}_k\hat{\pmb{\alpha}}_k\|_2$,这里 $\pmb{D}_k$ 和 $\hat{\pmb{\alpha}}_k$ 分别为 $\pmb{D}$ 和 $\hat{\pmb{\alpha}}$ 中第 k 种故障类别所对应的子字典和稀疏系数子向量。

6.2.2 诊断步骤

将以上分析的基于组稀疏分类的单一故障诊断方法的流程归纳于图 6-1 中,主要包含以下几步。[1]

步骤 1:利用 DFT 将各种已知故障类型的训练样本集和设备当前监测的振动信号样本转换至频域。

步骤 2:利用训练样本集的 DFT 复系数的模序列构造组稀疏表示的字典。

步骤 3:将设备当前监测的振动信号的 DFT 复系数的模序列在步骤 2 中所构造的字典上进行组稀疏分解,利用表 6-2 中描述的快速算法求取组稀疏系数。

步骤 4:找出稀疏逼近误差最小值所对应的故障类别,即为设备当前监测的故障类别。

---

[1] Yu Fajun, Zhou Fengxing. Classification of machinery vibration signals based on group sparse representation[J]. JOURNAL OF VIBROENGINEERING. 2016, 18(3): 1540-1561.

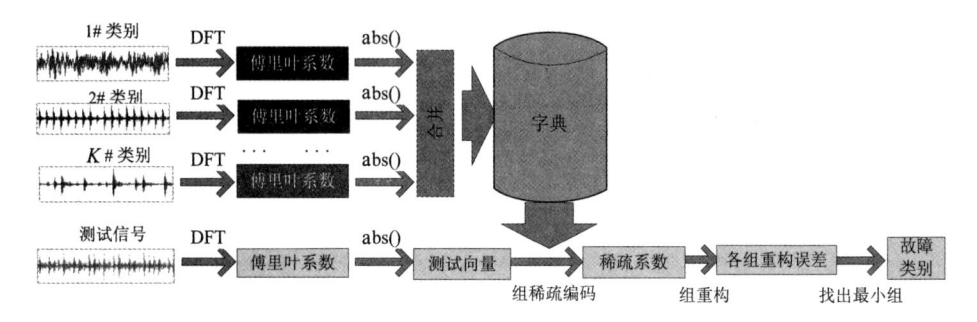

图 6.1 基于组稀疏分类的单一故障诊断方法流程图

6.2.3 仿真分析

对于以稀疏分类为基础的诊断方法,描述其分类诊断的性能包含三方面因素:一是重构误差(reconstruction errors,RE),其定义为(6-22)式,RE 反映了待测样本由所属类别的训练样本稀疏表示时的逼近程度,该值越小,说明所用方法对测试样本的重建性越好,虽然该值对诊断结果没有直接影响,但其体现了所用方法对测试样本与所属类别的训练样本组合关系的掌握程度;二是稀疏集中指数(sparsity concentration index,SCI),其定义为(6-23)式,SCI 体现了所用方法在所属类别稀疏系数的集中程度,该值越大,说明得到的稀疏系数越集中,测试样本与所属类别的训练样本关系越关联;三是分类正确率(accuracy rate,AR),其定义为(6-24)式,是直接体现诊断准确率的量。

$$\mathrm{RE}_y(k) = \frac{\|\boldsymbol{y} - \boldsymbol{A}_k \hat{\boldsymbol{\alpha}}_k\|_2}{\|\boldsymbol{y}\|_2} \times 100\% \quad (6-22)$$

$$\mathrm{SCI}_y(\hat{\boldsymbol{\alpha}}) = \frac{K \cdot \arg\max_k \|\hat{\boldsymbol{\alpha}}_k\|_1 / \|\hat{\boldsymbol{\alpha}}\|_1 - 1}{K - 1} \quad (6-23)$$

$$\mathrm{AR} = \frac{N_r}{N} \times 100\% \quad (6-24)$$

其中:N 和 N_r 分别为测试样本总数和诊断正确的测试样本数。

实验前,建立五种具有不同振荡频率和调制频率的仿真信号,以模拟五种单一故障类别,这五种工况类型为正常无故障、齿轮点蚀故障、齿轮磨损

第6章 基于组稀疏分类的智能诊断技术

故障、轴承内环故障和轴承外环故障。正常无故障用周期为 40 Hz 的余弦信号模拟齿轮的啮合振动；齿轮点蚀故障用载波频率为 40 Hz 和调制频率为 10 Hz 的调频信号模拟；齿轮磨损故障用载波频率为 40 Hz 和调制频率为 10 Hz 的调幅信号模拟；轴承内、外环故障分别用图 1-3 和图 1-2 所示的时域波形模拟，其中单个冲击的参数值如同表 4-1 所示。图 6-2 显示了这五种加噪声前的仿真信号时域波形。

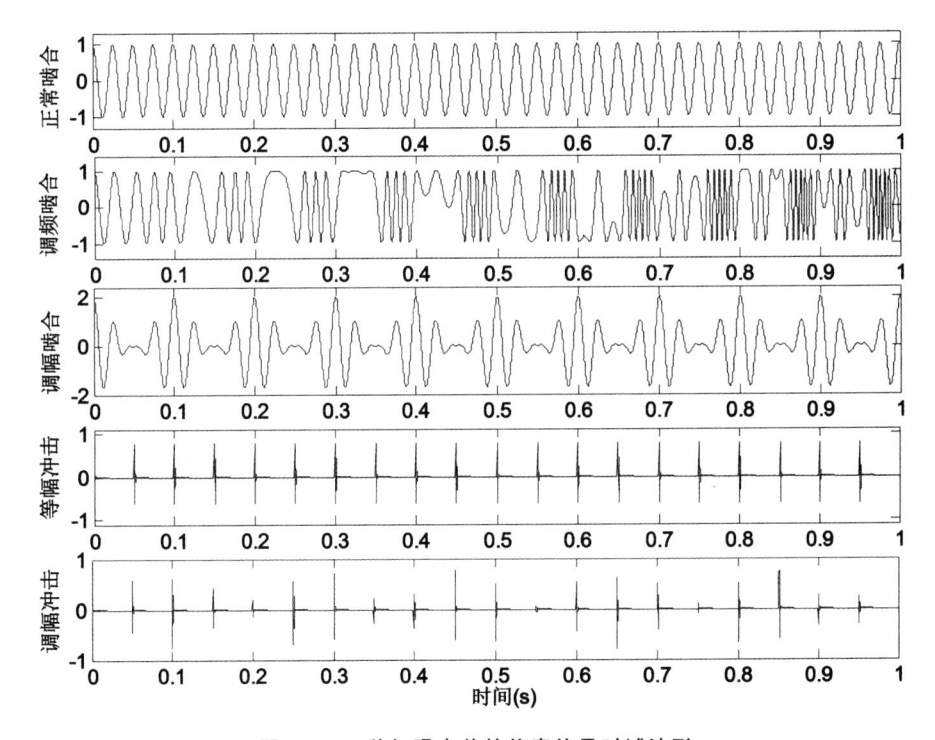

图 6-2 五种加噪声前的仿真信号时域波形

对这五种仿真信号分别加入 50 种不同强度的高斯白噪声，使它们的信噪比保持在 -2 dB 到 2 dB 范围内，则可得到 250(50×5)个训练样本信号。选取调幅啮合仿真信号作为测试样本。

对调幅啮合信号加入高斯白噪声，使其信噪比为 0 dB，通过本章方法对其进行测试分类，得到的稀疏系数和重构误差 RE 的分布如图 6-3 所示，可以看出，稀疏系数全部分布在调幅啮合所在的样本类别上，由调幅啮合所在的训练样本进行重构时，所得的逼近误差明显比别的类别小，可由重构误差最

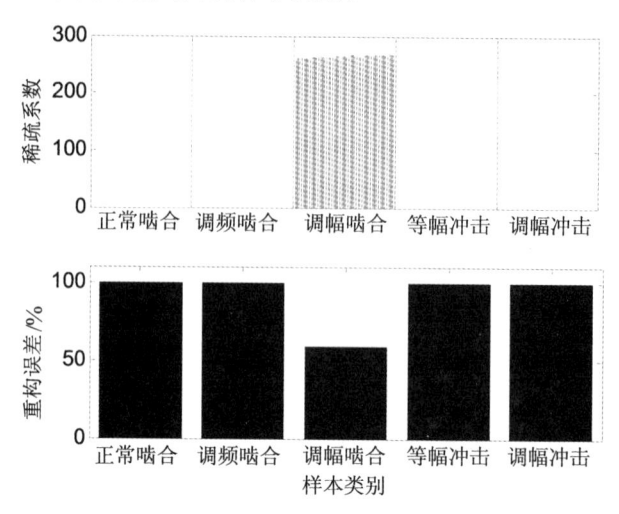

小值所在的类别准确判断其所属样本类别。

图 6-3 对信噪比为 0 dB 的调幅啮合信号进行归类时得到的稀疏系数和重构误差

增强加入的高斯白噪声，使调幅啮合信号的信噪比降至 −2 dB，利用本章方法重新对其测试分类，其稀疏系数和重构误差 RE 分布如图 6-4 所示，可以看出，稀疏系数依然全都分布在调幅啮合类别上，且由最小的 RE 可准确判断出其所属样本类别，体现了本章方法的抗噪声能力。

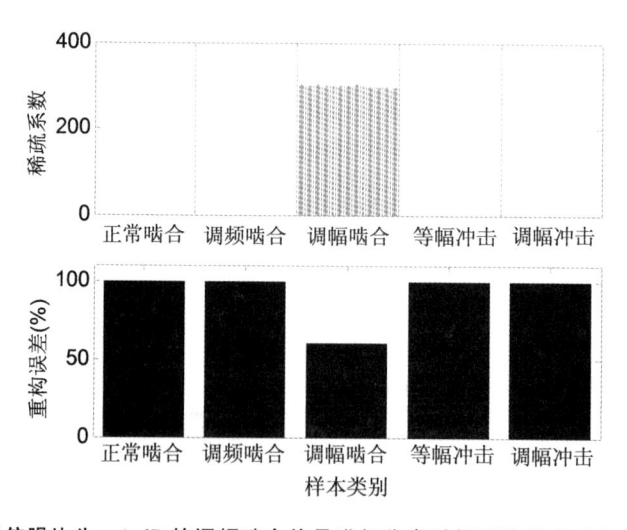

图 6-4 对信噪比为 −2 dB 的调幅啮合信号进行分类时得到的稀疏系数和重构误差

第6章 基于组稀疏分类的智能诊断技术

对信噪比为-2 dB的调幅啮合信号进行向右圆周移位150个采样点,以测试采样起始点不同时本章方法的分类性能,其稀疏系数和重构误差RE分布与图6.4相似,说明了本章方法的分类性能不受采样起始点的影响。

测试本章方法的整体诊断正确率。对这五种仿真信号分别加入30种不同强度的高斯白噪声,使它们的信噪比保持在-2 dB至2 dB之间,共得到150(30×5)个测试样本。分别用本章方法、SRC方法、CRC方法对这150个测试样本进行归类诊断,其整体正确率AR、平均稀疏集中指数ASCI、平均最小重构误差AMRE、计算时间CT记录于表6-3。可以看出,本章方法诊断整体正确率和稀疏系数集中度比SRC方法和CRC方法明显高,其得到的平均最小重构误差AMRE也较小,从计算时间CT上看,虽然比CRC方法耗时长些,但采用了快速算法使其计算时间明显比SRC短。

表6-3 本章方法和其他方法对仿真信号整体样本进行归类结果对比

方法	正确率 AR/%	平均稀疏集中指数 ASCI	平均最小重构误差 AMRE/%	计算时间 CT/s
SRC	76.2	0.354	52.2	23.2
CRC	71.3	0.387	63.3	5.3
本章方法	94.3	0.801	43.5	10.2

6.3 滚动轴承故障诊断应用实践

6.3.1 轴承诊断分析

采用本章方法对不同故障类型和不同故障点尺寸的滚动轴承振动信号进行分类,以测试其诊断效果。滚动轴承的振动数据来源于美国西储大学轴承振动数据中心。该轴承数据集包含正常、内环故障、外环故障和滚动体故障四种情况。其中,每个故障类型包含不同的故障点尺寸,即0.007、0.014、0.021和0.028 ft(1ft=0.3048 m)等四种尺寸,振动信号是由安装在驱动端的加速传感器采集得到的,采样频率为 12 kHz，设置不同的转速即可得到不同的振动信号集。

选取同一转速下 12 种不同故障类型和故障点尺寸的振动信号构造训练样本集和测试样本集，其中包括 1 种正常工况、3 种外环故障、4 种内环故障和 4 种滚动体故障。每种故障类型的振动信号被重叠分割成 2048 个采样点的信号段，重叠点数为 512 个采样点，以克服分割时边界的影响。从这些信号段中随机选择 50 个训练样本和 25 个测试样本，共得到 600(12×50)训练样本和 300(12×25)个测试样本。这 12 种故障类型的振动信号集描述于表 6-4。

表 6-4 12 种故障类型的轴承振动信号集

故障类型	数据来源文件	训练样本数/测试样本数	类别标记
正常	Normal_0	50/25	N
外环故障 0.007 ft	OR007@6_0	50/25	O-I
外环故障 0.014 ft	OR014@6_0	50/25	O-II
外环故障 0.021 ft	OR021@6_0	50/25	O-III
内环故障 0.007 ft	IR007_0	50/25	I-I
内环故障 0.014 ft	IR014_0	50/25	I-II
内环故障 0.021 ft	IR021_0	50/25	I-III
内环故障 0.028 ft	IR028_0	50/25	I-IV
滚动体故障 0.007 ft	B007_0	50/25	B-I
滚动体故障 0.014 ft	B014_0	50/25	B-II
滚动体故障 0.021 ft	B021_0	50/25	B-III
滚动体故障 0.028 ft	B028_0	50/25	B-IV

不失一般性，从每个故障类型中随机选择一个测试样本，本章方法对其进行归类，它们的稀疏系数和重构误差分别如图 6-5 和图 6-6 所示，从中可以看出，每个测试样本的稀疏系数分布于各自所在的故障类别中，而重构误差的最小值所在的类别也恰好分布于各自所在的故障类别中。因此，本章方法对滚动轴承的单一故障诊断是有效的。

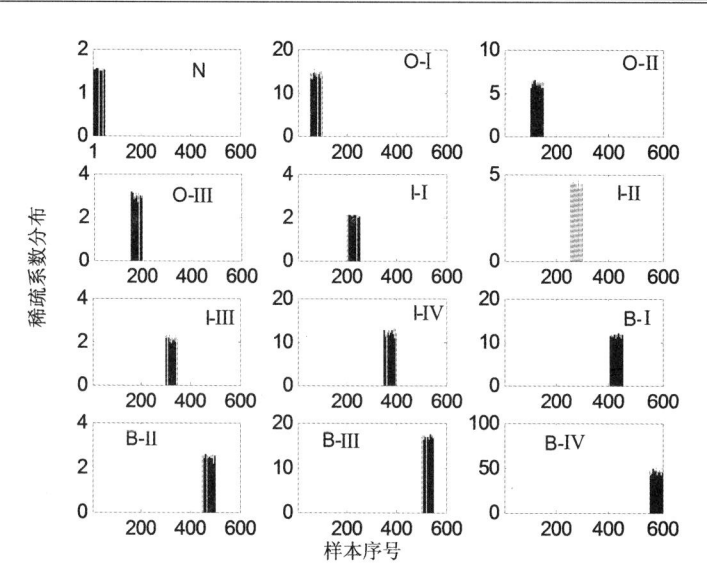

第6章 基于组稀疏分类的智能诊断技术

图 6-5 对轴承 12 种故障类型的测试样本进行归类时所得的稀疏系数分布

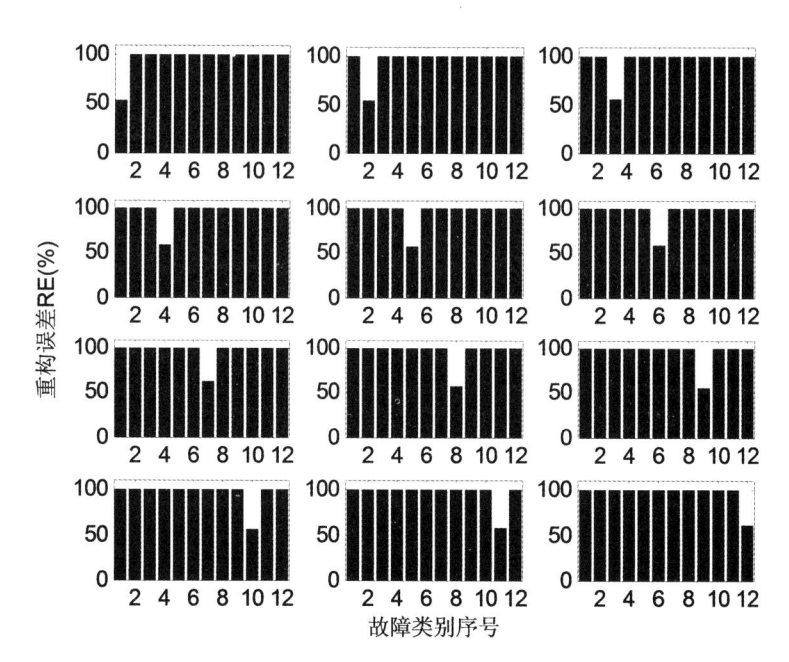

图 6-6 对轴承 12 种故障类型的测试样本进行归类时所得的重构误差 RE

故障类别序号：1——N；2——O-Ⅰ；3——O-Ⅱ；4——O-Ⅲ；5——I-Ⅰ；6——I-Ⅱ；
7——I-Ⅲ；8——I-Ⅳ；9——B-Ⅰ；10——B-Ⅱ；11——B-Ⅲ；12——B-Ⅳ。

· 99 ·

分别采用本章方法、SRC方法、CRC方法和支持向量机方法SVM对这300个测试样本进行整体测试，其整体正确率AR、平均稀疏集中指数ASCI、平均最小重构误差AMRE、计算时间CT记录于表6-5。从整体诊断正确率AR看，SRC和CRC较低，只能达到60%左右，这主要是由于振动样本受时域噪声和采样起始点的影响，而本章方法先将振动样本转换至频域，有效克服了噪声和采样起始点的影响，达到了97%以上，超过了支持向量机方法。从平均稀疏集中指数ASCI看，本章方法采用了组稀疏模型，使对应故障类别的训练样本激活率提高到89%以上，远大于SRC和CRC方法的40%左右。最小重构误差MRE是判断故障类型的直接依据，本章方法所得样本的平均最小重构误差比SRC和CRC方法小20%以上，体现了本章方法对滚动轴承误诊断的裕度远比SRC和CRC方法大。从诊断时间看，CRC方法最短，这是由CRC模型的求解快速性所致，而支持向量机方法最长，这是因为该方法建立决策器的训练过程中需要大量的计算开销；本章方法由于采用了求解稀疏系数的快速算法，整个诊断时间比SRC方法少9 s左右。

表6-5 本章方法和其他方法对轴承振动数据集整体样本进行归类结果对比

方法	正确率 AR(%)	平均稀疏集中指数 ASCI	平均最小重构误差 AMRE(%)	计算时间 CT(s)
SRC	60.2	0.454	72.7	30.4
CRC	61.3	0.417	68.1	9.6
SVM	96.7	—	—	46.3
本章方法	98.3	0.891	47.1	21.6

6.3.2 齿轮诊断分析

将本章方法进一步应用到齿轮的单一故障诊断中。试验平台为旋转机械故障实验平台，振动信号由安装在齿轮箱输出侧的加速度传感器采集得到。实验过程中，设置齿轮分别工作在6种单一故障类型下，这6种单一故障类型为正常无故障、大齿轮断齿、大齿轮点蚀、大齿轮磨损、小齿轮磨损和小

第6章 基于组稀疏分类的智能诊断技术

齿轮断齿。电机转速设定为 1 500 r/min，采集水平和垂直两个方向的振动信号，采样频率为 20 kHz，每种工况采集时间为 20 s。

测试本章方法对不同故障类型的诊断效果。在预处理阶段，将这6种齿轮水平方法的振动信号重叠分割成长度为 2048 个点的信号段，相邻两个信号段间的重叠点数为 128 个采样点，以克服分割时边界的影响。从每种故障类型的信号段中，随机选取 50 个作为训练样本，20 个作为测试样本，共得到 300 (6×50) 个训练样本信号和 120 (6×20) 个测试样本信号。齿轮振动信号集的样本数据如表 6-6 所示。

表 6-6 齿轮振动信号的样本数据

故障类型	训练/测试数目	类别标记
正常工况	50/20	N
大齿轮断齿	50/20	TBL
大齿轮点腐蚀	50/20	PCL
大齿轮磨损	50/20	WOL
小齿轮断齿	50/20	TBS
小齿轮磨损	50/20	WOS

不失一般性，从每种故障类型中随机选取一个测试样本，用本章方法对其进行分类。它们的稀疏系数和重构误差分别如图 6-7 和图 6-8 所示。从图 6-7 可以看出，除了"PCL"故障类型外，其他故障类型的测试样本稀疏系数都分布在对应故障类别的训练样本上，这说明本章方法能将稀疏系数准确分布在对应类别上。造成"PCL"有部分稀疏系数分布在正常工况"N"的原因是，点腐蚀故障类别的特征频率正好等于转频，并且当腐蚀点尺寸很小时，振动信号的瞬态成分值很微弱，其能量几乎与正常工况情况下一样。从图 6-8 的最小重构误差可以看出，所提方法能准确归类每种齿轮故障类型的测试样本，体现了本章方法对齿轮单一故障诊断的有效性。

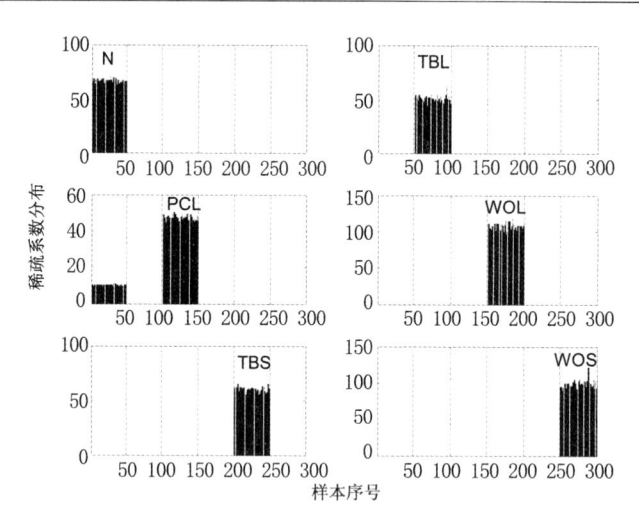

图 6-7 对齿轮 6 种故障类型的测试样本进行归类时所得的稀疏系数分布

测试本章方法对齿轮振动信号的整体诊断效果。对这 120 个齿轮振动信号测试样本进行分类，其归类结果如表 6-7 所示，归类正确率达到了 95.83%（115/120），这充分验证了所提方法对齿轮单一故障诊断的有效性。平均稀疏集中指数 ASCI(0.823)，说明了采用组稀疏模型解决了 SRC 方法中存在的同一故障类型的样本不被选中的问题(稀疏系数分布分散的问题)。

表 6-7 本章方法对齿轮 6 种单一故障的整体诊断结果

正确率 AR(%)	平均稀疏集中指数 ASCI	平均最小重构误差 AMRE(%)	计算时间 CT(s)
95.83	0.823	54.6	14.2

第6章 基于组稀疏分类的智能诊断技术

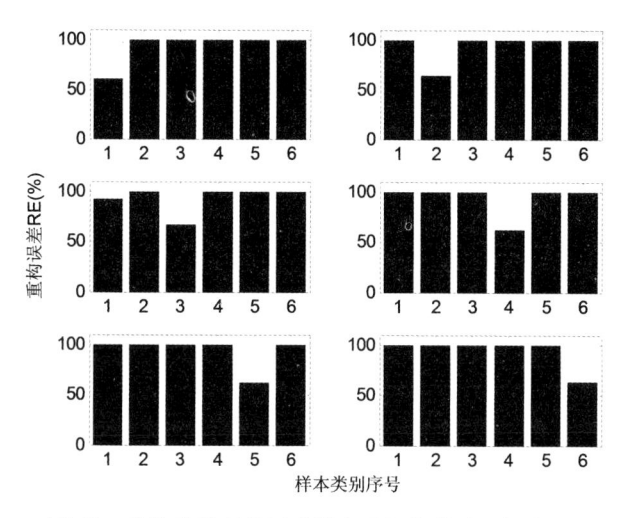

图 6-8 对齿轮 6 种故障类型的测试样本进行归类时所得的重构误差 RE

样本类别序号：1——N；2——TBL；3——PCL；4——WOL；5——TBS；6——WOS

6.3.3 讨论

本小节主要讨论两个重要参数对诊断正确率的影响，即离散傅里叶变换点数 N 和稀疏编码阶段的正则化参数 γ。

图 6-9 显示了本章方法对三类数据集（5 种仿真信号、12 种轴承振动数据、6 种齿轮振动数据）归类整体正确率随离散傅里叶变换总点数 N 的变化关系。可以看出，三类数据集的整体归类正确率都随着 N 的增加明显增加，这是因为：离散傅里叶变换的点数越大，所含的谱信息越多，当变换的点数与时域点数相同时，所含谱信息量与时域信息量是等价的，对于某种故障类型的振动信号来说，离散傅里叶变换的点数越大，其谱信息特征与别的故障类型谱信息的差异越明显。因此，诊断正确率越高。然而，离散傅里叶变换点数的增大会增加归类时的计算开销。对于机械故障诊断来说，对振动信号处理的实时性要求较高，这就需要恰当地选取离散傅里叶变换的点数，以保证足够高的诊断正确率和较小的计算开销。本章前面对这三类数据集进行归类诊断时，选取离散傅里叶变换点数均为样本时域采样点数的一半，因此，在实际的诊断应用中，可综合考虑诊断正确率和计算开销，一般将离散傅里叶变换

的点数设定为样本时域点数的一半即可。

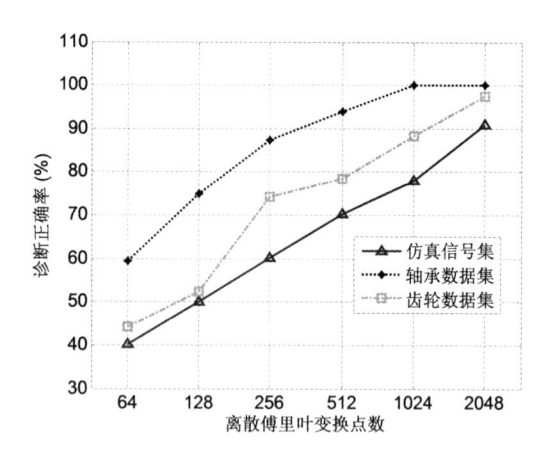

图 6-9　三类数据集的诊断正确率与离散傅里叶变换点数 N 之间的关系

三类数据集的整体诊断正确率与正则化参数 γ 的关系如图 6-10 所示。得出，当 $\gamma=1$ 或 $\gamma=0$ 时，三类数据集的整体诊断正确率均很低；当 γ 在 [0.0001，0.8] 范围时，三类数据集的整体诊断正确率迅速升高，达到一定高值后波动很小。造成这一现象的原因：当 $\gamma=0$ 时，组稀疏模型(即(6-9)式)过分强调重构性，而忽略了组稀疏性；当 $\gamma=1$ 时，组稀疏模型过分强调组稀疏性，而重构性被忽略了；而当正 γ 保持在 [0.0001，0.8] 时，即要求了组稀疏性，又强调了重构性，因此，其诊断正确率较高且几乎保持不变。本章前面对这三类数据集进行归类诊断时，选取的正则化参数 γ 均为 0.5，在实际应用中，可取 γ 在 [0.1，0.8] 范围内的任意值即可。

第 6 章　基于组稀疏分类的智能诊断技术

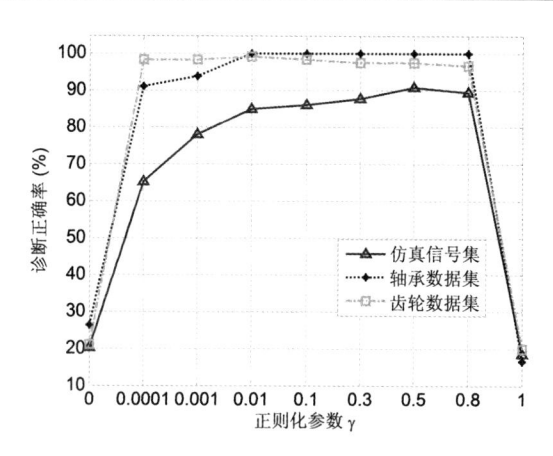

图 6-10　三类数据集的诊断正确率与正则化参数 γ 之间的关系

针对故障部件理论特征频率未知情况下的单一故障诊断问题，本章提出的基于组稀疏分类的故障诊断方法，利用不同故障类型的频域差异性进行归类诊断，避免了理论特征频率的估算和振动噪声的影响；利用组稀疏模型解决了稀疏分类方法中同一故障类型的样本不被选中的问题，使同类别样本激活率大大提高。最后通过轴承和齿轮的故障实验分析验证了所提方法对单一故障诊断的有效性。

第 7 章 基于变换域组稀疏分类的智能诊断技术

机械设备的工作状态可以通过振动信号来反映。对这些振动信号的准确分类有助于机械故障的诊断。本章提出了一种新的振动信号分类方法，即基于变换域稀疏表示的分类方法（TDSRC）。该方法通过三步法实现了较高的分类精度。首先，将时域振动信号，包括训练样本和测试样本，转换为另一个域，如频域、小波域等。其次，将训练样本的变换系数合并为字典，并将测试样本的变换系数进行稀疏编码。最后，通过其最小的重构误差来识别测试样本的类标签。虽然该方法与基于稀疏表示的分类（SRC）非常相似，但实验结果表明，该方法在振动信号分类方面的性能远远优于 SRC。这些实验包括：来自凯斯西储大学（Case western reserve unirersity，CWRU）轴承数据中心的轴承振动数据的频域分类，以及来自图 4-14 所示的旋转机械实验平台的六种故障型齿轮箱振动数据的小波域分类。

7.1 信号变换域组稀疏分类理论

基于分类的故障诊断是振动分析的一种方法，利用训练样本建立诊断决策者，根据制造商输出确定测试样本的故障类型，避免了故障特征频率的计算。故障诊断领域常用的分类方法包括线性判别分析（LDA）、人工神经网络（ANN）和支持向量机（SVM）等。LDA 作为一种基本的 Fisher 判别分类器，追求类间的低度耦合和类内的高度聚合。人工神经网络实现了症状与故障之

第7章 基于变换域组稀疏分类的智能诊断技术

间的非线性映射。SVM 作为另一种线性分类器,是一种基于统计学习理论的机器学习方法,具有良好的泛化性能。此外,时域参数的分类方法和模糊逻辑分类技术在故障诊断领域也得到了很好的应用。

本书在 SRC 的基础上,提出了一种新的机械振动信号分类方法,变换域稀疏表示分类(TDSRC)。在 TDSRC 中,稀疏表示的字典不是用原始样本构造的,而是用原始样本的变换系数构造的。这提供了一个新的想法,即可以使用变换域中的样本变化来进行分类,这一观点源于不同故障类型的机械振动信号在变换域上存在显著差异。与以往的研究相比,TDSRC 方法更好地利用了不同样本类别之间的全局差异。该方法的分类精度、稀疏浓度指数和噪声抗噪性等分类性能均优于 SRC 方法和传统的 SVM 方法。

7.1.1 基于稀疏表示分类及其变体

假设 $A = [A_1, A_2, \cdots, A_K] \in \mathbf{R}^{m \times n}$ 是一个训练集,作为所有 K 类的 n 个训练样本,$A_k = [v_{k,1}, v_{k,2}, \cdots, v_{k,n_k}] \in \mathbf{R}^{m \times n_k}$ 是 k 类训练集的子集。对于 k 类的测试样本 $y \in \mathbf{R}^m$,通常可以很好地近似为 A_k 样本的线性组合,如公式(7-1):

$$y = \alpha_{k,1} v_{k,1} + \alpha_{k,2} v_{k,2} + \cdots + \alpha_{k,n_k} v_{k,n_k} = A_k \alpha_k \tag{7-1}$$

其中,$\alpha_k = [\alpha_{k,1}, \alpha_{k,2}, \cdots, \alpha_{k,n_k}]^T \in \mathbf{R}^{n_k}$ 是编码向量。由于测试样本的隶属度 k 最初是未知的,所以 y 的线性表示可以用所有的训练样本写成 $y = A\alpha$,其中

$$\alpha = [\alpha_1, \cdots, \alpha_k, \cdots, \alpha_K] = [0, \cdots, 0, \alpha_{k,1}, \cdots, \alpha_{k,n_k}, 0, \cdots, 0]^T \in \mathbf{R}^n$$

$$\tag{7-2}$$

在 SRC 中,L_1 范数最小化用于在 A 上稀疏编码 y:

$$\hat{\alpha} = \arg \min_{\alpha} \{ \| y - A\alpha \|_2^2 + \gamma \| \alpha \|_1 \} \tag{7-3}$$

其中,γ 是一个标量常数。分类然后是通过分类

$$\text{identity}(y) = \arg \min_{k} \{ e_k \} \tag{7-4}$$

其中,$e_k = \| y - A_k \hat{\alpha}_k \|_2$ 和 $\hat{\alpha}_k$ 为与 k 类相关的系数向量。此外,最近在分类问题上还利用了其他稀疏优化准则。例如,L_2 范数最小化,称为协同表示

(CR)，通过求解编码向量

$$\hat{\boldsymbol{\alpha}} = \arg\min_{\boldsymbol{\alpha}}\{\|\boldsymbol{y} - \boldsymbol{A}\boldsymbol{\alpha}\|_2^2 + \gamma\|\boldsymbol{\alpha}\|_2^2\} \tag{7-5}$$

L_1 范数与 L_2 范数最小化相结合，称为类特定稀疏表示(CSSR)，公式为

$$\hat{\boldsymbol{\alpha}} = \arg\min_{\boldsymbol{\alpha}}\{\|\boldsymbol{y} - \boldsymbol{A}\boldsymbol{\alpha}\|_2^2 + \gamma\sum_{k=1}^{K}\|\boldsymbol{\alpha}_k\|_2\} \tag{7-6}$$

而分类是由

$$\text{identity}(\boldsymbol{y}) = \arg\min_{k}\{e_k\} \tag{7-7}$$

其中，$e_k = \|\boldsymbol{y} - \boldsymbol{A}_k\hat{\boldsymbol{\alpha}}_k\|_2 / \|\hat{\boldsymbol{\alpha}}_k\|_2$。

7.1.2 基于变换域稀疏表示的分类(TDSRC)

可以看到 SRC 有两个阶段：稀疏编码和分类。在编码阶段，训练样本被组合成一个字典。近年来，出现了许多构建字典的方法，如 FDDL、JDDLDR 和 DKSVD 等。这些方法有一个共同点：字典是由一个学习算法构建的，以尽可能地提高其识别能力。尽管字典在每次迭代中都会进行更新，但它与训练样本保持在相同的域中。众所周知，机械振动信号是有噪声的和非平稳的，这意味着它的许多统计量是时变的。因此，即使不同的振动信号具有相同的故障类型，它们在时域波形上也会表现出显著的差异。然而，它们在变换域中有许多几乎相同的统计数据。例如，同一故障类型的轴承振动信号在频域上几乎具有相同的主频，而同一故障类型的齿轮振动信号在小波域上几乎具有相同的小波系数。

7.2 基于频域组稀疏分类的滚动轴承故障诊断方法

在所提出的方法 TDSRC 中，首先将包括训练样本和测试样本在内的振动信号转换到另一域；然后在变换域进行基于稀疏表示的分类。完成该算法需要三个步骤。第一步中，所有的样本，包括训练样本和测试样本，都被转换到另一个领域。第二步，将训练样本的变换系数合并为字典，对测试样本的变换系数在字典上进行稀疏编码。第三步，通过它们的最小重构误差来识别

第7章 基于变换域组稀疏分类的智能诊断技术

测试样本的类标签。[①]

如果将变换类型指定为傅里叶变换,输入参数 L 表示离散傅里叶变换(DFT)的点,系数矩阵 C_i 退化为由 DFT 系数组成的向量;如果使用小波变换(WT),则必须给出小波名称,C_i 由不同长度的 WT 系数向量组成。以下为 TDSRC 算法的具体步骤。

步骤 1:输入 一个针对 K 类的训练样本 $A=[v_1, v_2, \cdots, v_n] \in \mathbf{R}^{m \times n}$ 的矩阵,一个测试样本 $y \in \mathbf{R}^m$,变换 $T[\cdot]$,最大变换尺度 L 和标量常数 γ。

步骤 2:对于每个训练样本 $v_i(i=1, 2, \cdots, n)$,执行 $T[v_i]$ 得到一个系数矩阵 C_i,其列为 v_i 从尺度 1 到 L 的变换系数向量。与测试样本 y 相同,执行 $T[y]$,得到一个系数矩阵 Y。

步骤 3:$D_j=[C_{1,j}, C_{2,j}, \cdots, C_{n,j}]$,其中,$C_{i,j}(i=1, 2, \cdots, n)$ 表示 C_i 的第 j 列向量,即 v_i 在 j 尺度上的变换系数向量;将 D_j 的列归一化,得到单位 L_2 范数。

解决 L_1 最小化问题:

$$\hat{\boldsymbol{\alpha}}_j = \arg\min_{\boldsymbol{\alpha}_j} \|Y_j - D_j \boldsymbol{\alpha}_j\|_2 + \gamma \|\boldsymbol{\alpha}_j\|_1 \tag{7-8}$$

其中,Y_j 为 Y 的第 j 列向量,即 j 尺度下 y 的变换系数向量。

计算残差:

$$r_{j,k} = \|Y_j - D_{j,k} \hat{\boldsymbol{\alpha}}_{j,k}\|_2, (k=1, 2, \cdots, K) \tag{7-9}$$

其中,$D_{j,k}$ 和 $\hat{\boldsymbol{\alpha}}_{j,k}$ 分别为 D_j 的子字典和与 k 类相关联的子字典和 $\hat{\boldsymbol{\alpha}}_j$ 的子向量,它们与 $D_j=[D_{j,1}, \cdots, D_{j,k}, \cdots, D_{j,K}]$ 和 $\hat{\boldsymbol{\alpha}}_j=[\hat{\boldsymbol{\alpha}}_{j,1}, \cdots, \hat{\boldsymbol{\alpha}}_{j,k}, \cdots, \hat{\boldsymbol{\alpha}}_{j,K}]$ 相遇;

步骤 4:求和残差的赋值为

$$R_k = \sqrt{\sum_{j=1}^{L} \mathbf{R}_{j,k}^2}, \ k=1, 2, \cdots, K \tag{7-10}$$

输出 $\text{identity}(y) = \arg\min_k \{R_k\}$

[①] Yu Fajun, Fan Fuling, Wang Shuanghong. Transform-domain sparse representation based classification for machinery vibration signals[J]. JOURNAL OF VIBROENGINEERING. 2018,20(2):979-988.

7.3 滚动轴承故障诊断应用实践

为了研究所提出的 TDSRC 方法在振动信号分类中的性能，本节考虑了两个实验案例，即轴承振动信号和齿轮箱振动信号。

其他的轴承振动数据是从凯斯西储大学轴承数据中心下载得到的。图 7-1 所示的实验平台由电机、控制电子设备、转矩传感器和测功机组成。故障点设置在型号为 6205－2RS JEM SKF 滚动轴承内环、外环和滚动体上，单点故障尺寸包含 0.0007、0.014、0.021 和 0.028 英寸四种。振动数据是通过一个安装在电机外壳上的加速度传感器测量采集得到，采样频率为 12 kHz。

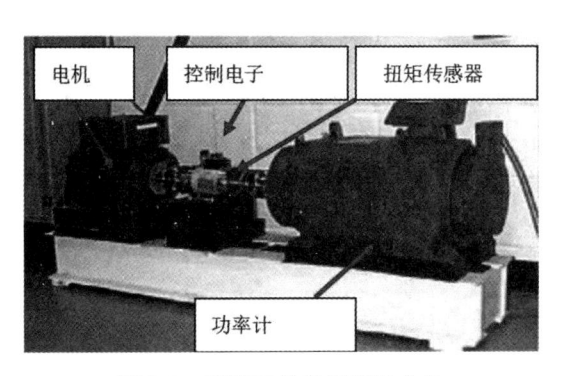

图 7-1　CWRU 的轴承实验台机

在预处理阶段，选取 12 种振动数据样本构建训练测试数据集，包括正常故障、3 种外场故障、4 种内场故障和 4 种球故障。每个样本以 128 点的重叠长度被分割成多个片段，其长度被设置为 2048 点。总共可以获得 80 多个节段。考虑到样本大小的影响，训练样本的数量必须足够大，才能建立一个可以进行稀疏分解的字典。因此，我们随机选取了 60 多个片段作为训练样本，其他 20 个片段作为测试样本。轴承数据集的描述如表 7-1 所示。

第7章 基于变换域组稀疏分类的智能诊断技术

表 7-1 分类用的轴承数据集的描述

故障类型	数据文件	训练/测试集的数量	类的标签
正常样本	Normal _ 3	60/20	N
Outer-race	OR007@6 _ 3	60/20	O—I
Outer-race	OR014@6 _ 3	60/20	O—II
Outer-race	OR021@6 _ 3	60/20	O—III
Inner-race	IR007 _ 3	60/20	I—I
Inner-race	IR014 _ 3	60/20	I—II
Inner-race	IR021 _ 3	60/20	I—III
Inner-race	IR028 _ 3	60/20	I—IV
Ball	B007 _ 3	60/20	B—I
Ball	B014 _ 3	60/20	B—II
Ball	B021 _ 3	60/20	B—III
Ball	B028 _ 3	60/20	B—IV

在 TDSRC 的实现中，所有的样本，包括 720(60×12)训练和 240(20×12)测试样本，首先，通过快速傅里叶变换(FFT)转换为频域。然后，将标量常数 γ 设为 0.5，并利用 SLEP 方法求解 L_1 最小化问题。随着 FFT 点的变化，分类准确率如图 7-2 所示。可以看出，随着 FFT 点数的增加，准确率显著提高。图 7-3 显示了由 TDSRC 和 SRC 分别得到的分类准确率与 FFT 点为 2048 的标量常数 γ 之间的关系，这说明当参数 γ 的变化范围为[0.0001,0.8]时，两者都保持不变，而当 γ 接近 0 或 1 时，则急剧下降。同时，验证了 TDSRC 对轴承数据集的分类性能优于 SRC。

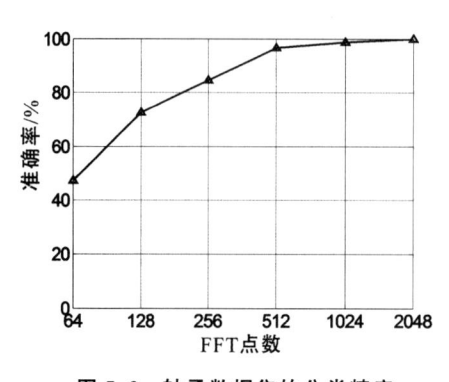

图 7.2 轴承数据集的分类精度与 FFT 点之间的关系

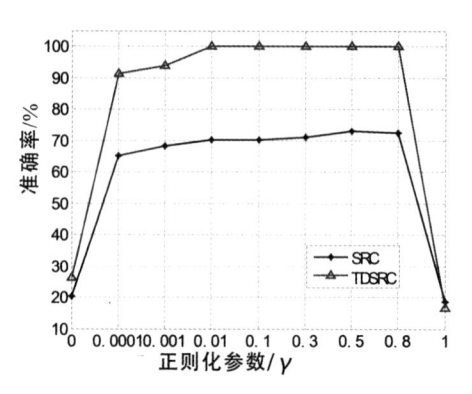

图 7.3 TDSRC 和 SRC 分类精度与轴承数据集标量常数的关系

7.4 基于小波域组稀疏分类的齿轮箱故障诊断方法

前几章提出的诊断方法主要针对单一故障类型，然而在一些机械工程实践中，设备出现的故障往往不止一处，这些不同故障源在一定程度上互相影响，表现为复合故障类型。因此，本章讨论的诊断方法主要针对复合故障类型。

由于复合故障源产生的振动彼此交叉干扰，采集的设备振动信号是一种包含多种故障源的非平稳混合信号。现有的复合故障诊断方法中，多采用分离故障源的方法，如盲源分离方法、基于故障源特征的信号分离方法等。盲源分离的方法，通常利用安装在机械设备上的多个振动传感器采集多路信号，凭借源特性和实施逆运算实现各故障源分离；基于故障源特征的信号分离方法，根据各故障源结构特征不同，利用时频分析方法（小波变换、EMD 等）的时频聚集特性实现各故障源的分离。分离故障源的方法为复合故障诊断提供了有效的解决途径，但也存在缺陷，如盲源分离方法需要安装多路传感器，增加了硬件成本；信号分离方法存在噪声和交叉项的影响，要求各故障源具备良好的时频可分离性等。

本章提出的基于小波包系数稀疏分类的复合故障诊断方法，利用样本的

第7章 基于变换域组稀疏分类的智能诊断技术

小波包频带能量分布特征实现故障分类,属于基于模式分类的诊断方法,避免了分离故障源方法的缺陷。在本章方法中,先对已知各单一故障类型的训练样本进行小波包变换,凭借距离评价参数筛选出具有类别差异的频带,利用这些频带内的小波包系数构造稀疏分解的字典组,再将待测复合故障类型的测试样本小波包频带系数在对应字典上稀疏分解,通过各组稀疏重构误差最小值所在类别逐一判断复合故障类型。

7.4.1 小波包变换原理

众所周知,小波变换(wavelet transform,WT)具有良好的时频分析能力,已在多个领域取得成功应用。然而,WT方法不分解高频带分量,这对于许多故障信号含在高频带中是不利的。小波包变换(wavelet packets transform,WPT)进一步分解高频带分量,比小波变换具有更强的瞬态信息提取能力。由第1章的机械故障振动信号特征可知,许多故障特征信息正是通过高频的瞬态成分反映出来的,因此,小波包方法比小波方法更适合于对机械故障特征的提取。

小波包函数定义为

$$W_{j,k}^n(t) = 2^{j/2} W^n(2^j t - k) \tag{7-11}$$

其中,j和k分别表示尺度因子和平移因子;$n=0,1,\cdots$为小波包的序号。其中前两个小波包函数$W^0(t)$和$W^1(t)$($j=k=0$)分别代表了尺度函数$\varphi(t)$和小波母函数$\psi(t)$。对于$n=2,3,\cdots$这些小波包函数由下列的两式确定:

$$\begin{cases} W^{2n}(t) = \sqrt{2} \sum_k h(k) W^n(2t-k) \\ W^{2n+1}(t) = \sqrt{2} \sum_k g(k) W^n(2t-k) \end{cases} \tag{7-12}$$

其中$mh(k) = 1/\sqrt{2} <\varphi(t), \varphi(2t-k)>$和$g(k) = 1/\sqrt{2} <\psi(t), \psi(2t-k)>$分别为低通滤波器和高通滤波器。这里$<,>$表示内积运算操作。

对于一个连续信号$x(t)$,小波包变换的系数$C_j^n(k)$可通过计算$x(t)$与每个小波包函数的内积得到,即

$$C_j^n(k) = <x, W_{j,k}^n> = \int_{-\infty}^{\infty} x(t) W_{j,k}^n(t) dt \tag{7-13}$$

其中，$C_j^n(k)$ 表示第 n 个小波包函数在第 j 个尺度处的变换系数。对于一个长度为 N 的离散信号，小波包系数可下列迭代运算获得：

$$\begin{cases} C_{j+1}^{2n}(\tau) = \sum_k h(k-2\tau)C_j^n(k) \\ C_{j+1}^{2n+1}(\tau) = \sum_k g(k-2\tau)C_j^n(k) \end{cases} \tag{7-14}$$

其中，$\{C_0^0(k), k=1, 2, \cdots, N\}$ 为原始离散信号。

由上述 WPT 的分解过程可以看出，WPT 将一个信号分解为两部分：低频逼近部分和高频细节部分，其中，低频逼近部分反映了信号的轮廓，高频细节部分反映了信号的瞬态信息。在第 j 层分解尺度上，信号被分解为 2^j 部分，这些部分的序号为 $n=0, 1, \cdots, 2^j-1$，每个序号部分代表了一定的频带范围，这些频带是等间隔分布的，序号越大，频率越大。当分解尺度 j 由 1 逐步增大时，整个二进制分解树网络就形成了，如图 7-4 所示。在这一分解树网络中，每个小波包系数被视为一个节点，用 (j, n) 标识。在每一层上，树结构由多个等间隔频带的节点组成。

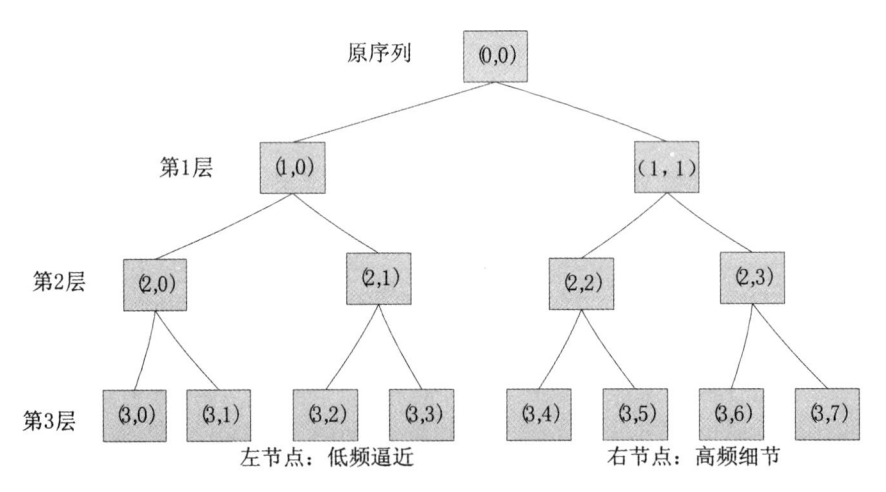

图 7-4 二进制小波包分解树网络示意图

7.4.2 基于小波包系数稀疏分类的复合故障诊断方法

对于机械振动信号来说，不同故障类型具有不同的瞬态特征信息，如果

第7章 基于变换域组稀疏分类的智能诊断技术

能将这些瞬态特征信息分离出来,并利用某种分类决策器对其进行分类,就可以为复合故障诊断提供依据。从 7.4.1 节的小波包变换原理可以看出,小波包变化将信号分解为一定层次的频带,不同频带的频率范围不同。因此,可利用小波包变换将机械振动信号分解为不同频带分量,不同故障类型的振动信号在同一频的小波包系数能量分布具有一定的差异,利用这些差异,对具有特征的频带小波包系数进行归类,并综合考虑整个频段范围内小波包系数的归类情况,就可实现对机械复合故障的诊断。

1. 小波包频带系数的筛选

对于一个实施了 L 层的小波包变换,其小波包系数具有 2^L 个频带,如果将这些频带全部作为分类决策器的特征向量,则计算开销较大,而且有些频带的小波包系数的类别差异性不大,这对总体判断来说是无用的。因此,有必要对小波包频带系数进行一定的筛选,筛选出能反映不同故障类别的小波包频带系数。筛选的原则是要求具有最大的类间距和最小的类内距,这样选取的小波包系数才能反映故障特征。

首先,定义归一化的小波包系数能量,表达为

$$E_i(j) = \sum_l C_i(j,l)^2 / \sum_p v_i(p)^2 \tag{7-15}$$

其中,$E_i(j)$ 为第 i 个样本在尺度 j 处的归一化小波包系数能量;$\sum_l C_i(j,l)^2$ 为第 i 个样本在尺度 j 处的小波包系数能量;$\sum_p v_i(p)^2$ 为第 i 个样本的总能量。显然,第 i 个样本各尺度的归一化小波包系数能量的和为 1,即

$$\sum_{j=1}^{2^L} E_i(j) = 1 \tag{7-16}$$

将 $E_i(j)$,$(j=1,2,3,\cdots,2^L)$ 作为第 i 个样本的特征参数,计算每个特征参数的总体样本类内距 $S_w(j)$,表达为

$$S_w(j) = \frac{1}{K} \sum_{k=1}^{K} \frac{1}{n_k - 1} \sum_{i=1}^{n_k} |E_i(j) - \mu_k(j)| \tag{7-17}$$

其中,K 为样本类别数;n_k 为第 k 个类别的样本数;$\mu_k(j)$ 为第 k 个类别样本的第 j 个特征参数的平均值,即

$$\mu_k(j) = \frac{1}{n_k} \sum_{i=1}^{n_k} E_i(j) \tag{7-18}$$

计算每个特征参数的总体样本类间距 $S_b(j)$，表达为

$$S_b(j) = \frac{1}{K} \sum_{k=1}^{K} |\mu_k(j) - \mu(j)| \tag{7-19}$$

其中，$\mu(j)$ 为所有样本的第 j 个特征参数的平均值，即

$$\mu(j) = \frac{1}{K} \sum_{k=1}^{K} \frac{1}{n_k} \sum_{i=1}^{n_k} E_i(j) \tag{7-20}$$

要使所选的小波包系数能量归一化特征参数具有最大的类间距和最小的类内距，则可通过定义两者的比值作为一个综合参数，当这个参数达到设定的阈值 ρ 时，则认为该小波包系数能量归一化特征参数能较好地反映出所属类别的本质特征。定义第 j 个特征参数的距离评价参数为

$$J(j) = \frac{S_b(j)}{S_w(j)} \tag{7-21}$$

2. 故障类型的判别

假设凭借距离评价参数筛选出 l 个频带的小波包系数，则利用总数为 n 个训练样本的每个筛选出的频带小波包系数构造训练字典，共构成 l 个字典，即

$$\boldsymbol{D}_j = [\boldsymbol{C}_{1,j}, \boldsymbol{C}_{2,j}, \cdots, \boldsymbol{C}_{n,j}], \quad (1 \leqslant j \leqslant l) \tag{7-22}$$

其中，$\boldsymbol{C}_{i,j}(i=1,2,\cdots,n)$ 为第 i 个训练样本筛选出的第 j 个频带的小波包系数向量；$\boldsymbol{D}_j(j=1,2,\cdots,l)$ 为构造的第 j 个训练字典。需对字典 $\boldsymbol{D}_j$ 的每个列向量进行归一化处理，使每个列向量的 L2 范数为单位 1。

对于待测的振动信号样本 $\boldsymbol{y}$，实施小波包变换后，将其对应的 l 个频带的小波包系数向量在对应的字典上稀疏分解，以求取稀疏系数，即：

$$\hat{\boldsymbol{\alpha}}_j = \arg\min_{\boldsymbol{\alpha}_j} \|\boldsymbol{Y}_j - \boldsymbol{D}_j \boldsymbol{\alpha}_j\|_2 + \gamma \|\boldsymbol{\alpha}_j\|_1, \quad (1 \leqslant j \leqslant l) \tag{7-23}$$

其中：$\boldsymbol{Y}_j$ 为 $\boldsymbol{y}$ 的筛选出的第 j 个频带的小波包系数向量；γ 为正则化参数；$\hat{\boldsymbol{\alpha}}_j$ 为求取的对应的稀疏系数向量。

稀疏系数向量 $\hat{\boldsymbol{\alpha}}_j (j=1,2,\cdots,l)$ 求取后，计算第 j 个频带下各类别的重构误差，即

第7章 基于变换域组稀疏分类的智能诊断技术

$$r_{j,k} = \|Y_j - D_{j,k}\hat{\alpha}_{j,k}\|_2, \quad (k=1,2,\cdots,K) \tag{7-24}$$

其中，$D_{j,k}$ 和 $\hat{\alpha}_{j,k}$ 分别为字典 D_j 和稀疏系数向量 $\hat{\alpha}_j$ 中与类别 k 所对应的子字典和子向量，它们满足 $D_j = [D_{j,1}, \cdots, D_{j,k}, \cdots, D_{j,K}]$、$\hat{\alpha}_j = [\hat{\alpha}_{j,1}; \cdots; \hat{\alpha}_{j,k}; \cdots; \hat{\alpha}_{j,K}]$；$r_{j,k}$ 为 Y_j 在字典 D_j 上第 k 个类别的重构误差。

判别第 j 个频带下各组重构误差向量 r_j 中是否存在明显较小的元素，即判断(7-25)式是否成立，若成立，则根据其对应的类别判断故障类型；否则，说明第 j 个频带无故障判别，继续下一频带的判别，直到将 l 个频带逐一判别完毕。

$$r_{j,k_j} \leqslant \tau \frac{1}{K-1} \sum_{k=1, k \neq k_j}^{K} r_{j,k} \tag{7-25}$$

其中，τ 为设定的平均重构误差比值系数，一般取为 0.667。整个 l 个频带判别结束后，若有多个频带在不同的类别(2个以上)上重构误差较小，则可根据这些类别确定测试样本的复合故障类型；若有多个频带在相同的类别(1个)上重构误差较小，则可根据这一类别确定测试样本的单一故障类型。

3. **诊断步骤**

根据以上分析，基于小波包系数稀疏分类的复合故障诊断方法可归纳为四步：第一步为小波包变换，即对所有训练样本和测试样本进行小波包变换，以得到各频带的小波包系数；第二步为小波包系数的筛选，即利用距离评价参数筛选出最具类别差异性的小波包频带；第三步为各频带的稀疏编码，即利用筛选的小波包系数向量构造各频带字典组，将测试样本各频带小波包系数在对应频带字典上稀疏分解，求取各稀疏系数；第四步为归类诊断，即计算测试样本各频带在各类别上的重构误差，通过识别是否存在明显较小值逐一确定各频带上故障类别。诊断流程见表 7-2。

表 7-2　基于小波包系数稀疏分类的复合故障诊断流程

Wavelet Packet Coefficients Sparse Representation-based Classification

输入：K 类训练样本矩阵 $A = [v_1, v_2, \cdots, v_n] \in \mathbf{R}^{m \times n}$，测试样本 $y \in \mathbf{R}^m$，小波包变换 $T[\cdot]$，距离评价参数阈值 ρ，正则化参数 γ，平均重构误差比值系数 τ

步骤 1：对每个训练样本 $v_i (i = 1, 2, \cdots, n)$ 和测试样本 y，实施小波包变换 $T[\cdot]$ 分别得到小波包系数矩阵 C_i 和 Y；

步骤 2：计算各频带小波包系数的距离评价参数，根据阈值 ρ 筛选出 l 个频带

步骤 3：for $j = 1, 2, \cdots, l$

　　步骤 3.1：构造字典 $D_j = [C_{1,j}, C_{2,j}, \cdots, C_{n,j}]$，其中，$C_{i,j} (i = 1, 2, \cdots, n)$ 为训练样本 v_i 筛选出的第 j 个小波包系数向量；

　　步骤 3.2：对字典 D_j 的每个列向量进行归一化处理，使每个列向量的 L_2 范数为单位 1；

　　步骤 3.3：求解 L_1 范数的最小化问题：

$$\hat{\boldsymbol{\alpha}}_j = \arg \min_{\boldsymbol{\alpha}_j} \|Y_j - D_j \boldsymbol{\alpha}_j\|_2 + \gamma \|\boldsymbol{\alpha}_j\|_1$$

其中 Y_j 为测试样本 y 筛选出的第 j 个小波包系数向量；

步骤 3 结束 end for

步骤 4：for $j = 1, 2, \cdots, l$

　　步骤 4.1：计算测试样本在各频带各类别上的重构误差：

$$r_{j,k} = \|Y_j - D_{j,k} \hat{\boldsymbol{\alpha}}_{j,k}\|_2, (k = 1, 2, \cdots, K)$$

其中，$D_{j,k}$ 和 $\hat{\boldsymbol{\alpha}}_{j,k}$ 分别为 D_j 和 $\hat{\boldsymbol{\alpha}}_j$ 中与类别 k 所对应的子字典和子向量；

　　步骤 4.2：判断是否存在 k_j 满足：

$$r_{j,k_j} \leqslant \tau \frac{1}{K-1} \sum_{k=1, k \neq k_j}^{K} r_{j,k}$$

若存在，保存 k_j；否则，继续下一次训练。

步骤 4 结束　end for

输出：确定测试振动信号样本的复合故障类别：$\text{identity}(y) = \{k_j\}$

7.4.3　性能测试

建立五种具有不同振荡频率和调制性能的仿真信号，以模拟五种单一故障类别，这五种故障类型为正常无故障、齿轮点蚀故障、齿轮磨损故障、轴

第7章 基于变换域组稀疏分类的智能诊断技术

承内环故障和轴承外环故障。其中，正常无故障用周期为 40 Hz 的余弦信号模拟齿轮的啮合振动；齿轮点蚀故障用载波频率为 40 Hz 和调制频率为 800 Hz 的调频啮合模拟；齿轮磨损故障用载波频率为 40Hz 和调制频率为 2 000 Hz 的调幅啮合模拟；轴承内、外环故障分别用图 1-3 和图 1-2 所示的时域波形模拟。待测的复合故障信号用轴承外环故障（等幅冲击）和齿轮点蚀故障（调频啮合）的混合信号模拟，考察本章所提方法对此复合故障信号的诊断效果。

对这五种单一故障类别仿真信号分别加入 50 种不同强度的高斯白噪声，使它们的信噪比保持在 -1 dB 到 1 dB 范围内，则可得到 250(50×5)个训练样本信号。将待测的复合故障信号加入高斯白噪声，使其信噪比为 0 dB。不失一般性，从各故障类别中随机选取 1 例信噪比为 0 dB 的训练样本，这 5 例训练样本和待测复合故障信号时域波形如图 7-5 所示。

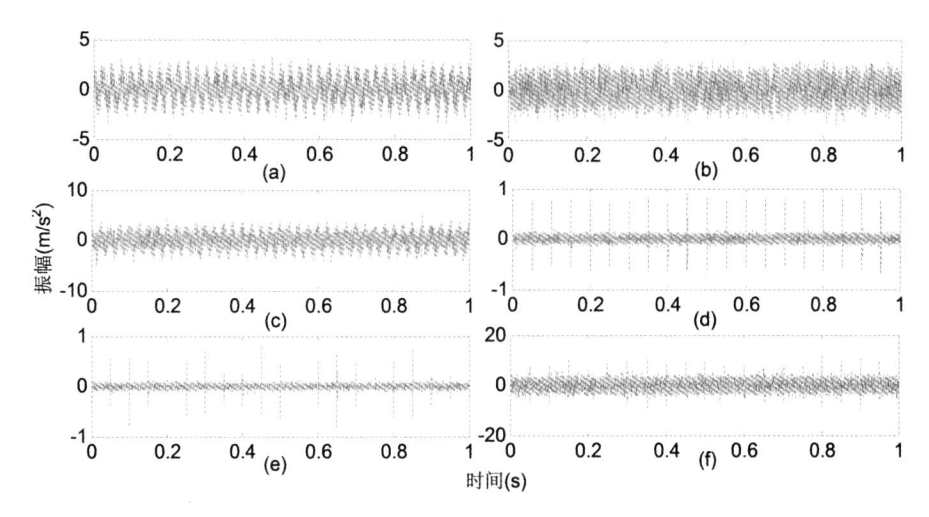

图 7-5 仿真信号的时域波形

(a)正常工况；(b)调频啮合；(c)调幅啮合；
(d)等幅冲击；(e)调幅冲击；(f)测试样本。

对这 5 类训练样本信号和 1 种测试样本信号进行小波包变换，取变换总层次为 4，小波包函数为 dmey，信噪比为 0 dB 时各样本的第 4 层的归一化能量分布如图 7-6 所示。可以看出，6 种仿真信号实施小波包变换后，其第 4 层归一化能量分布在某些频带上具有明显的差异。

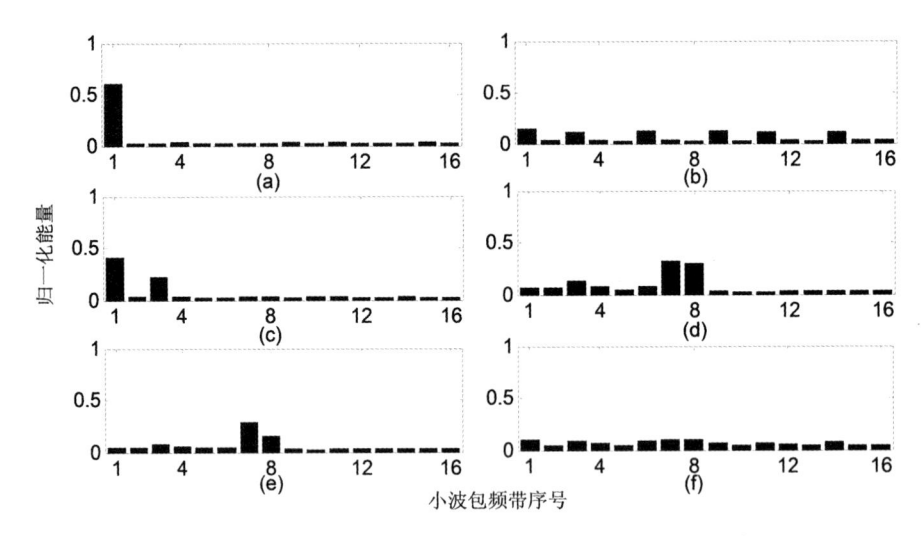

图 7-6　各仿真信号的第 4 层小波包频带归一化能量分布

　　计算训练样本的 30 个特征参数的距离评价参数，这些特征参数为小波包频带从第 1 层到第 4 层所有频带归一化能量，得到的数值绘制于图 7.7。当距离评价参数阈值 $\rho=4$ 时，有 6 个特征参数大于此阈值，即第 5、12、13、15、21 和 22 个特征参数，对应的小波包频带节点分别为(2, 2)、(3, 5)、(3, 6)、(4, 0)、(4, 6)和(4, 7)，也就是说，这 5 种工况仿真信号在实施小波包变换后，得到的小波包系数在这些频带节点上，具有较大的类间距和较小的类内距。

　　筛选出这 6 个频带的小波包系数作为每个样本的 6 个特征向量，分别用这 6 个特征向量构造 6 个字典。筛选出待测的复合故障信号的这 6 个频带小波包系数，将每个频带的小波包系数在对应的字典上稀疏分解，取正则化参数为 $\gamma=0.5$，求解出稀疏系数，并进行稀疏重构，图 7.8 显示了待测样本的 6 个频带对 5 种工况的重构误差。

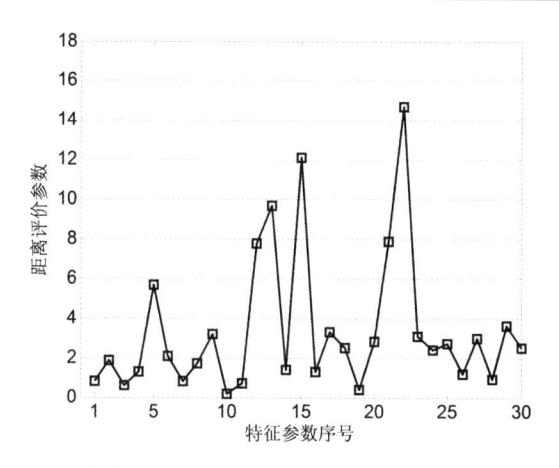

第7章 基于变换域组稀疏分类的智能诊断技术

图 7-7 仿真训练样本的 30 个特征参数的距离评价参数

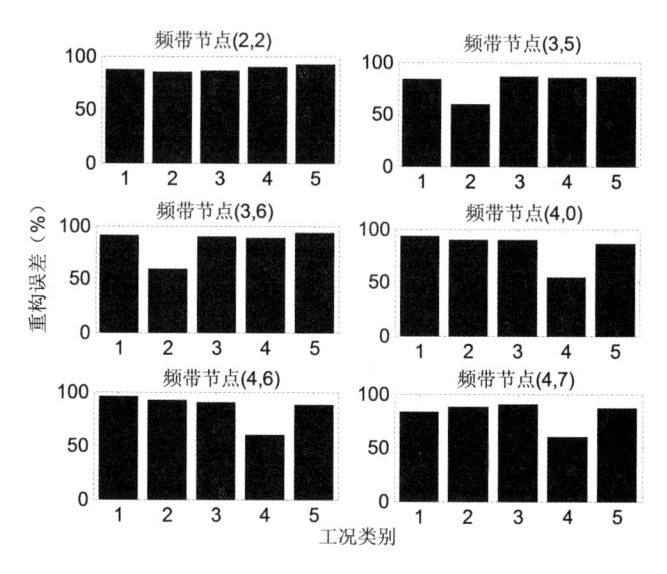

图 7-8 待测仿真复合故障信号各频带节点对 5 种工况的重构误差

工况类别：1—正常工况；2—调频啮合；
3—调幅啮合；4—等幅冲击；5—调幅冲击。

计算各频带下重构误差平均值，取平均重构误差比值系数为 $\tau = 0.667$，判断每个频带是否存在 k_j 满足(7-25)式，即各频带是否存在一个明显较小的重构误差值，该值小于该频带重构误差平均值的 0.667 倍。经程序判断：频带节点(3，5)和(3，6)在第 2 类别处重构误差满足(7-25)式，即存在 $k_2 = k_3 = $

2；频带节点(4，0)、(4，6)和(4，7)在第4类别处重构误差满足(7-25)式，即存在 $k_4=k_5=k_6=4$。这说明该待测故障信号存在第2类别和第4类别的复合故障，即存在调幅啮合和等幅冲击的故障类型，这一判断结果与事实相符，验证了本章所提方法对复合故障诊断的有效性。

7.5 齿轮箱复合故障诊断应用实践

将本章方法进一步应用到旋转机械故障实验平台的复合故障诊断中。实验过程中，先分别设置正常无故障、轴承内环故障、轴承外环故障、大齿轮断齿故障、大齿轮点蚀故障和小齿轮磨损等6种单一故障类型。电机转速设定为1 500 r/min，振动信号由安装在输出轴轴承底座上的加速度传感器采集得到，采样频率为20 kHz，每种工况采集时间为20 s。采集了这6种单一故障类型的振动信号后，安装上具有外环故障的轴承和断齿故障的大齿轮，采集此时复合故障下的振动信号；再安装上具有内环故障的轴承、断齿故障的大齿轮和磨损故障的小齿轮，采集此时复合故障下的振动信号。

测试本章方法对这两种情况下的复合故障的诊断效果。在预处理阶段，对这6种单一故障类型下的振动信号重叠分割成长度为2048个点的信号段，相邻两个信号段间的重叠点数为128个采样点，以克服分割时边界的影响。从每种单一故障类型的信号段中，随机选取50个作为训练样本，共得到300(6×50)个训练样本信号。将两种情况下的复合故障振动信号按同样方法分割成长度为2048个点的信号段，从这些信号段中随机选取30个作为测试样本。具体的训练样本和测试样本的数据描述如表7-3所示。图7-7显示了这8种故障类型下振动信号1 s时间段的时域波形。

第7章 基于变换域组稀疏分类的智能诊断技术

表 7-3 复合故障实验的样本数据描述

故障类型	训练样本数	测试样本数	类别标记
正常工况	50	—	N
轴承外环故障	50	—	B−O
轴承内环故障	50	—	B−I
大齿轮断齿	50	—	L−TB
大齿轮点蚀	50	—	L−PC
小齿轮磨损	50	—	S−WO
轴承外环+大齿轮断齿	—	30	B−O/L−TB
轴承内环+大齿轮断齿+小齿轮磨损	—	30	B−I/L−TB/S−WO

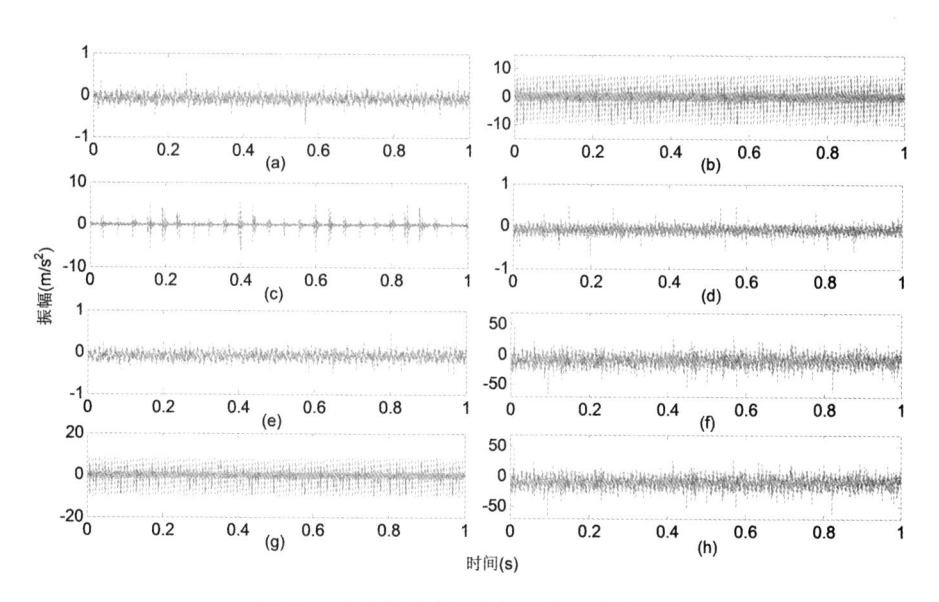

图 7-9 8种故障类型的振动信号时域波形

(a)N；(b)B−O；(c)B−I；(d)L−TB；
(e)L−PC；(f)S−WO；(g)B−O/L−TB；(h)B−I/L−TB/S−WO。

对这8种故障类型的振动信号样本进行小波包变换，取变换总层次为4，第4层的归一化能量分布如图7-10所示。可以看出，8种故障类型的振动信号实施小波包变换后，其第4层归一化能量分布在某些频带上具有明显的差异。计算6类单一故障类型（即训练样本）的30个特征参数的距离评价参数，

振动故障特征提取与智能诊断技术

这些特征参数为小波包频带从第 1 层到第 4 层所有频带归一化能量，得到的数值绘制于图 7-11。令距离评价参数阈值 $\rho = 5$ 时，有 8 个特征参数大于此阈值，即第 3、7、9、13、15、20、21 和 25 个特征参数，对应的小波包频带节点分别为(2，0)、(3，0)、(3，2)、(3，6)、(4，0)、(4，5)、(4，6)和(4，10)，也就是说，这 6 种故障类型下振动信号实施小波包变换后，得到的小波包系数在这些频带节点上，具有较大的类间距和较小的类内距。

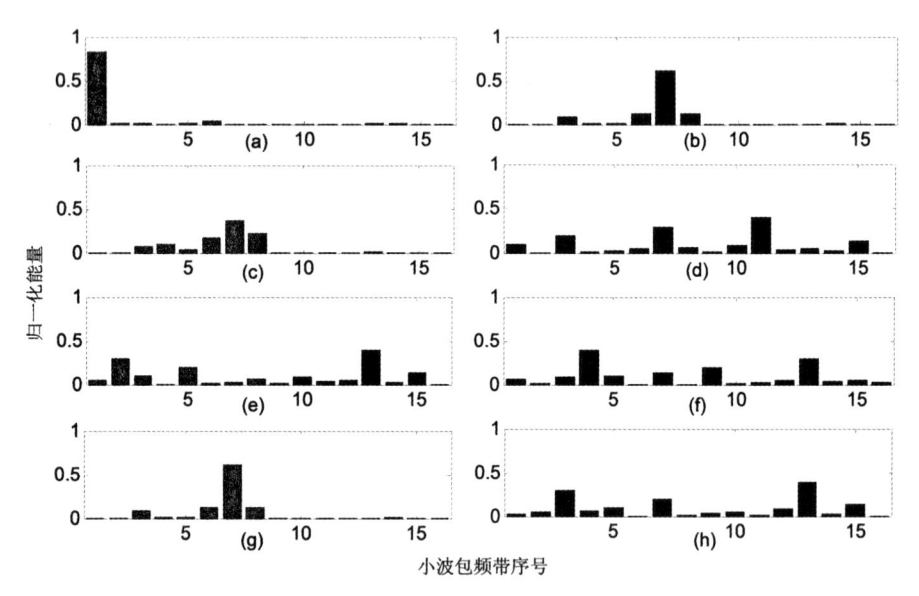

图 7-10　8 种故障类型的振动信号第 4 层小波包频带归一化能量分布
(a)N；(b)B−O；(c)B−I；(d)L−TB；(e)L−PC；
(f)S−WO；(g)B−O/ L−TB；(h)B−I/ L−TB/ S−WO。

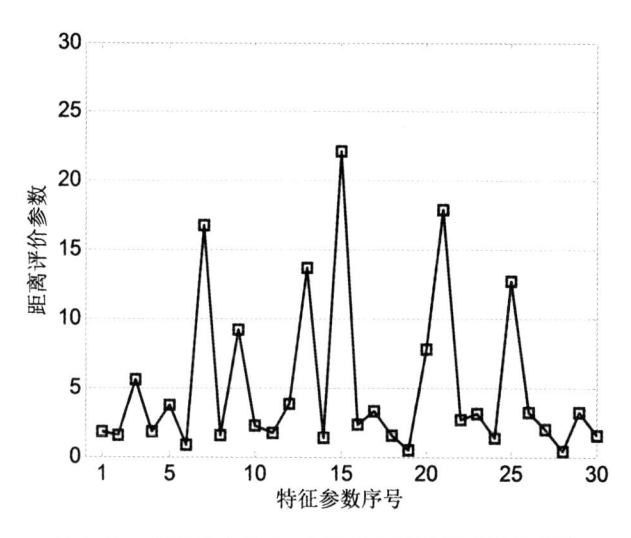

第7章 基于变换域组稀疏分类的智能诊断技术

图 7-11 训练样本的 30 个特征参数的距离评价参数

筛选出这 8 个频带的小波包系数作为每个样本的 8 个特征向量,分别用训练样本的这 8 个特征向量构造 8 个字典。不失一般性,从两种待测的复合故障类型中随机各选取一个测试样本,对其实施同样的小波包变换,并筛选出对应的 8 个频带小波包系数。将每个频带的小波包系数在对应的字典上稀疏分解,取正则化参数为 $\gamma = 0.5$,求解出稀疏系数,并进行稀疏重构,图 7-12 和图 7-13 分别显示了这两种复合故障振动样本的 8 个频带对 6 种工况的重构误差。

由图 7-12 中的数据,计算轴承外环和大齿轮断齿复合故障测试样本在各频带下的重构误差平均值,取平均重构误差比值系数为 $\tau = 0.667$。经程序判断:小波包频带节点在(3,0)和(3,2)处的重构误差中各存在一个明显的较小值(满足(7-25)式),最小值所在的类别为第 2 类别,即轴承外环故障;小波包频带节点在(4,0)和(4,6)处的重构误差中各存在一个明显的较小值(满足(7-25)式),最小值所在的类别为第 4 类别,即大齿轮断齿故障。因此,可以判断该测试样本存在轴承外环和大齿轮断齿故障,这一判断结果与事实相符。

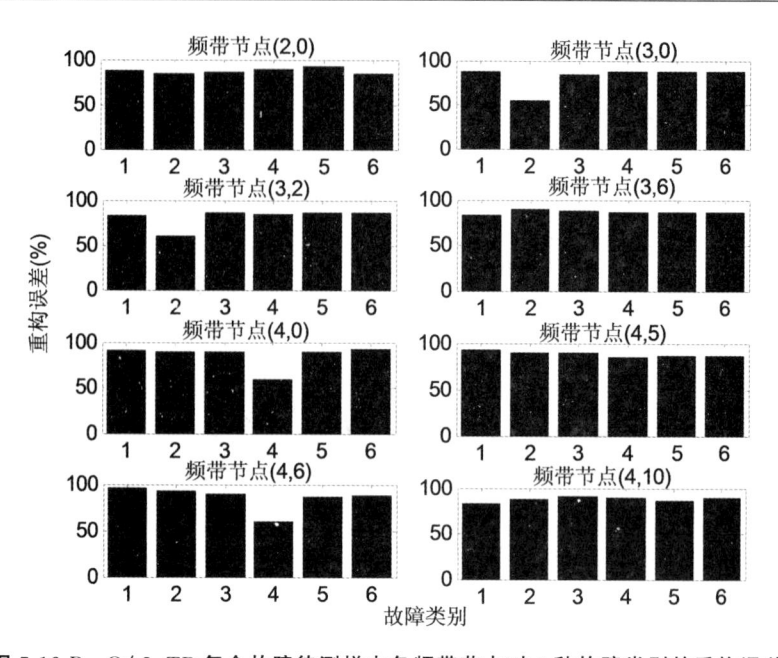

图 7-12 B-O/ L-TB 复合故障待测样本各频带节点对 6 种故障类别的重构误差

故障类别：1——N；2——B-O；3——B-I；4——L-TB；5——L-PC；6——S-WO。

由图 7-13 中的数据，计算轴承内环、大齿轮断齿和小齿轮磨损复合故障测试样本在各频带下的重构误差平均值，同样取平均重构误差比值系数为 $\tau = 0.667$。经程序判断：小波包频带节点在 (3，0) 和 (4，6) 处的重构误差中各存在一个明显的较小值 (满足 (7-25) 式)，最小值所在的类别为第 3 类别，即轴承内环故障；小波包频带节点在 (3，6) 处的重构误差中各存在一个明显的较小值 (满足 (7-25) 式)，最小值所在的类别为第 4 类别，即大齿轮断齿故障。小波包频带节点在 (4，0) 和 (4，10) 处的重构误差中各存在一个明显较小值 (满足 (7-25) 式)，最小值所在的类别为第 6 类别，即小齿轮磨损故障。因此，可以判断该测试样本存在轴承内环、大齿轮断齿和小齿轮磨损复合故障，这一判断结果与事实相符。

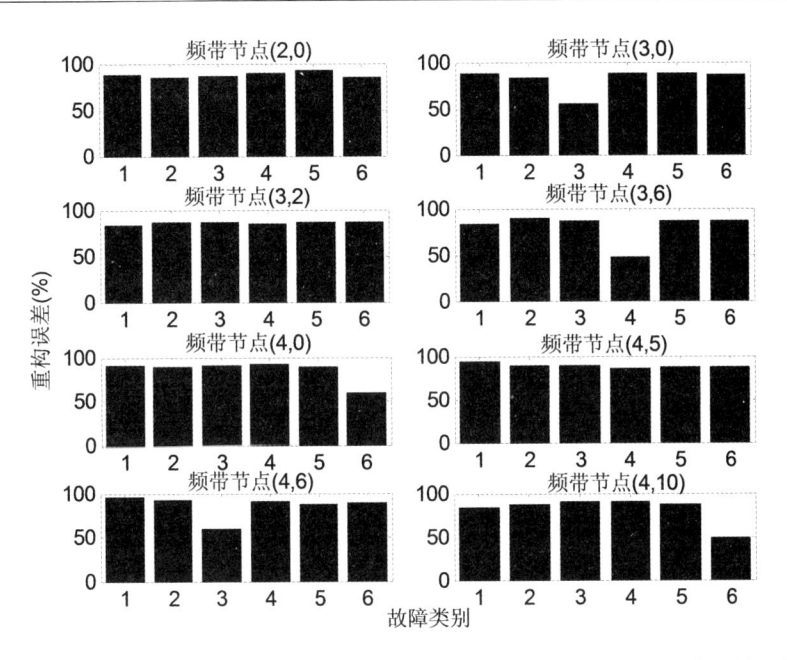

第 7 章 基于变换域组稀疏分类的智能诊断技术

图 7-13 B-I/L-TB/S-WO 复合故障待测样本各频带节点对 6 种故障类别的重构误差

故障类别：1——N；2——B-O；3——B-I；4——L-TB；5——L-PC；6——S-WO

考察所提方法对这两种复合故障的整体诊断效果。距离评价参数阈值 ρ 对诊断结果有重要的影响，图 7-14 显示了两种复合故障各 30 个测试样本的诊断正确率随 ρ 的变化关系。由图 7.15 可看出，这两种复合故障整体诊断准确率随 ρ 先增大后减少，造成这一现象的原因是 ρ 越小，考虑的样本小波包频带系数向量越多，构造的字典越多，测试样本的频带细节越丰富，使其所含的各故障特征频率与训练样本的特征频率充分逼近，故凭借重构误差最小值得出的诊断正确率越高；但 ρ 减小到一定值后，过多的小波包频带在稀疏重构时会使同一故障类别分散在不同重构误差最小值处，以致凭借重构误差最小值错误归类。当 $\rho=5$ 时，轴承外环和大齿轮断齿复合故障的整体诊断正确率达到了最大值 86.7%(26/30)；当 $\rho=4$ 时，轴承内环、大齿轮断齿和小齿轮磨损复合故障的整体诊断正确率达到了最大值 83.3%(25/30)。

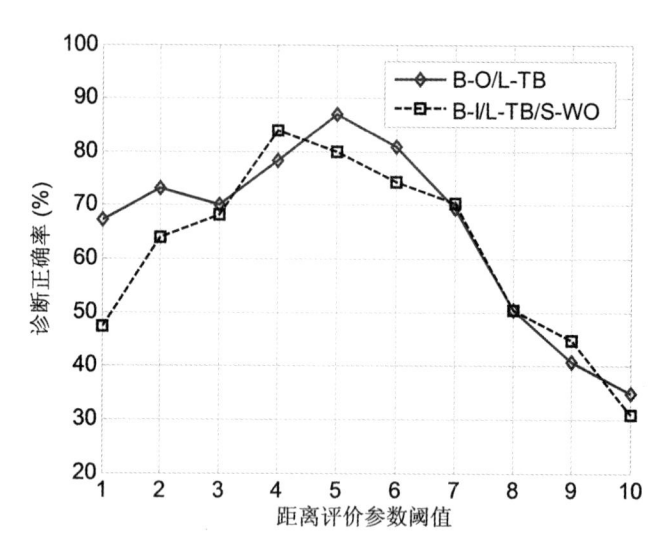

图 7-14　两种复合故障测试样本整体诊断正确率随距离评价参数阈值的变化关系

本章针对参数未知情况下的复合故障诊断的问题，提出了基于小波包系数稀疏分类的故障诊断方法。该方法先利用小波包变换将已知单一故障类型的振动信号转换成小波包系数；再通过计算训练样本各类别小波包频带归一化能量的距离评价参数，筛选出最具特征的小波包频带，并利用这些频带的小波包系数构造稀疏分解的字典组；最后将待测故障类型的振动样本小波包频带系数在对应字典上稀疏分解，根据待测样本各频带小波包系数在各类型重构下的明显最小值逐一确定故障类型。仿真实验和复合故障诊断实验验证了所提方法的有效性。

第 8 章 基于卷积神经网络的智能诊断技术

由于工作环境的复杂性和工作条件的变化性，滚动轴承在运行过程中容易出现各种故障。发展滚动轴承的精确故障技术是监测旋转机械健康状况的关键。随着多传感器技术和人工智能的快速发展，智能诊断（intelligent diagnosis，ID）方法已经投入实施，即基于数据驱动模型监测轴承健康状况，减少了对基于分析的模型或基于知识的模型的专业技术的依赖。作为一种典型的人工智能方法，来自深层神经网络的深度学习具有从原始数据中自动学习潜在特征，并借助深度层次架构将学习到的特征映射到目标输出的优势。一些典型的深度学习方法已被应用，如堆叠自动编码器（guto-encoders，AE）、深度信念网络（deep belief network，DBN）、长短期记忆（long short term memory，LSTM）和卷积神经网络（CNN）等。

CNN 受生物学上哺乳动物视觉皮层的启发，能够恰当地融合多源原始数据，并通过交替卷积和子采样操作学习高度区分的特征。由于其共享的权值结构，CNN 比其他深度学习方法需要更少的训练参数。鉴于这些优点，CNN 在图像识别、心电图信号分类、机械故障诊断等领域得到了广泛的应用。[1] 在智能诊断领域主要有两种 CNN 模型，即二维（2D）基于 CNN 的模型和一维（1D）-CNN 的模型。研究者提出了一些将一维振动数据转换为二维图像的有效解决方案，如小波变换、小波包变换、光谱峰度图等，将一维振动信号转

---

[1] Huang W., Cheng J., Yang Y., and G. Guo, An improved deep convolutional neural network with multi-scale information for bearing fault diagnosis[J]. Neurocomputing, 2019, 359, 77-92.

换为二维时频图像。

然而在实际应用中，高效、高精度的滚动轴承智能诊断仍然面临着以下三个挑战。①从监测传感器采样的数据类型多变，如果将所有数据作为 CNN 输入，计算负荷将显著增加。②)输入数据的组织对诊断效果有很大的影响，特别是在变工况工作条件下，当输入数据组织不当时，训练后的网络可能会输出错误的诊断结果。②CNN 结构的参数对诊断结果有显著的影响，如层数、每个卷积层的核的大小、每个池化层的子采样率等最优参数通常通过试错得到。在上述分析的背景下，本章主要讲述了一种新的基于 1D-CNN 滚动轴承的诊断方法，通过对双传感器数据的全谱傅里叶变换，以变换系数的阶谱作为输入信息，构造 1D-CNN 网络实现故障诊断分类。

8.1 卷积神经网络理论

8.1.1 全谱傅里叶变换

傅里叶变换是一种常用的频谱分析技术，它是由一个信道信号计算出来的，并提供有关右半平面内所包含的频谱成分的信息。然而，在多通道同源信号的情况下，右半频谱从这些信号中获得，并没有提供关于它们之间相位相性的信息。相比之下，全谱傅里叶变换通过分析正交方向上的两个同源通道数据，得到与转子旋转方向相关的正向和反向谱分量，以及两个方向的谱分量之间的相对相位相关性。因此，全谱傅里叶分析是机械故障诊断领域更有力的工具。

全谱傅里叶分析技术以转子横向响应为一系列频谱分量的合成为事实基础。转子的轨迹被认为是由在这些频谱的一系列椭圆轨道组成的。每个椭圆轨道由两个圆形轨道合成，以相同的频率旋转，但方向相反。正向轨道和反向轨道的半径分别代表了正向方向和反向方向的频谱分量强度。椭圆的倾角，表示正向响应和反向响应之间的相对相位相关关系。

假设 $\{x_i\}$ 和 $\{y_i\}$ 是两个长度为 N 的振动信号，由滚动轴承的两个正交方向采集得到，我们可以通过以下步骤实现全谱傅里叶变换。

(1)构成一个复序列：

$$\{z_i\} = \{x_i\} + j\{y_i\}, (i = 1, 2, \cdots, N) \tag{8-1}$$

其中，j 表示虚数单位。

对序列 $\{z_i\}$ 进行傅里叶变换(FT)，得到 $\{z_i\} = \{Z_{Ri}\} + j\{Z_{Ii}\}$，其中，$\{Z_{Ri}\}$ 和 $\{Z_{Ii}\}$ 分别为 $\{z_i\}$ 的实部和虚部。

(2)计算每个椭圆的长轴 R_{Li} 和短轴 R_{Si}：

$$\begin{cases} R_{Li} = (|z_i| + |z_{(N-i)}|)/2N \\ R_{Si} = (|z_i| - |z_{(N-i)}|)/2N \end{cases} \tag{8-2}$$

其中，R_{Li} 和 R_{Si} 分别为第 i 个椭圆轨道的长轴和短轴；$|\cdot|$ 表示取复数的模。

(3) 将每个椭圆的倾角 α_i 定义为长轴与横轴之间的倾角，并计算 $\{2\alpha_i\}$ 的正切值：

$$\text{tg}(2\alpha_i) = (Z_{Ii}Z_{R(N-i)} - Z_{Ri}Z_{I(N-i)})/(Z_{Ri}Z_{R(N-i)} - Z_{Ii}Z_{I(N-i)}) \tag{8-3}$$

可以看出，双通道传感器数据的信息融合只需进行一次复傅里叶变换。由于傅里叶变换的频谱泄漏问题和缺乏时域分辨率问题，在实现时域信号之前，时域信号通常通过乘一个窗口函数来削弱这两个缺点的影响。在同工况下同时采集双传感器数据样本，选择 Hann 窗函数来克服频谱泄漏问题，由于每个椭圆轨道只揭示单频分量的信息，所以可以用它来表示频谱分量。每个椭圆轨道由长轴、短轴、倾角三个元素决定，标记为 $(R_{Li}, R_{Si}, \text{tg}2\alpha_i)$。特殊情况：一种是椭圆退化为圆形，其相对相位为 0，长轴等于短轴，$(R_{Li} = R_{Si}, \text{tg}2\alpha_i = 0)$；另一种是椭圆退化为一条直线，其正向谱分量或反向谱分量的强度等于 0，相对相位定义为该直线的斜率（$R_{Li} = 0$ 或 $R_{Si} = 0$）。

8.1.2 阶谱

阶谱定义为一个频率与一个参考频率的比值。对于旋转机械来说，通常以轴的旋转频率作为参考频率，因为大多数故障特征频率都与之直接相关。因此，基于旋转频率的阶谱分析是变速工况下故障诊断的一种有效技术。

对于图 1.1 所示的滚动轴承结构和参数，其四种故障特征频率可表示为

$$\begin{cases} f_\mathrm{O} = \dfrac{n}{2}\left(1 - \dfrac{d}{D}\cos\alpha\right)f_\mathrm{r} \\ f_\mathrm{I} = \dfrac{n}{2}\left(1 + \dfrac{d}{D}\cos\alpha\right)f_\mathrm{r} \\ f_\mathrm{B} = \dfrac{D}{2d}\left(1 - \dfrac{d^2}{D^2}\cos^2\alpha\right)f_\mathrm{r} \\ f_\mathrm{C} = \dfrac{1}{2}\left(1 - \dfrac{d}{D}\cos\alpha\right)f_\mathrm{r} \end{cases} \tag{8-4}$$

其中，f_O、f_I、f_B、f_C分别表示外圈、内圈、滚动体、滚动架的故障特征频率；n是滚动体的数量；f_r为转轴的旋转频率；d和D分别为滚动体直径和节径。由公式(8-4)可以看出，四个故障特征频率与旋转频率成正比。在此基础上，基于旋转频率的阶谱分析可以区分各自故障特征。

假设得到旋转频率f_r，离散序列$\{z_i\}$，$(i=1,2,\cdots,N)$的阶谱可以通过离散时间傅里叶变换(DTFT)得到：

$$\mathrm{SO}(k) = \sum_{i=1}^{N} z_i \mathrm{e}^{-jwi}\Big|_{w=\frac{2\pi k f_\mathrm{r}}{F_\mathrm{s}}} \tag{8-5}$$

其中，$\mathrm{SO}(k)$为第k阶的阶谱系数；F_s为序列$\{z_i\}$的采样频率；旋转频率f_r在公式(8-5)中为固定值，否则应采用等角采样技术得到阶谱系数。本章以固定的旋转频率对每个振动信号进行采样，并以不同的旋转频率对不同的振动信号进行采样，因此可以用DTFT来计算阶谱系数。

8.1.3　1D-CNN

CNN作为一种前馈神经网络，具有三个特征(即局部感受域、共享权值和空间子采样)，在图像识别和视频处理等许多领域均表现出优越性能。它的体系结构主要由卷积层、池化层和带有输出分类器的全连接层组成。1D-CNN是CNN的一个退化版本，其输入的原始数据、滤波器核和特征映射均是一维的。

卷积层的主要功能是将输入的数据非线性地映射成一系列的特征向量，称为特征映射。滤波器核，作为视觉皮层感知器，与感受域的输入数据进行卷积运算。然后激活函数接收带有偏差的卷积结果，得到特征映射。卷积层

的数学模型可以表示为

$$c_l^m = f\left(b_l^m + \sum_{c=1}^{C} x_{l-1}^c \cdot w_l^{c,\,m}\right) \tag{8-6}$$

其中，c_l^m 和 b_l^m 分别为第 l 层的第 m 个特征映射的输出和偏置；x_{l-1}^c 和 C 分别为第 c 个信道的输出和第 $l-1$ 层的信道数；$w_l^{c,\,m}$ 是 $l-1$ 层的第 c 个通道与 l 层的第 m 个特征映射之间的共享权值；$f(\cdot)$ 表示激活函数。通过逐层的卷积操作，可以自然地学习到输入样本的固有特征，并表示为特征映射的输出。

池化层在每个卷积层之后，其主要功能是降低特征映射的维数，保持特征尺度的不变性。最大池化、平均池化和随机池化是三种常用的池化方法。一种好的池化方法可以加快计算速度，防止过拟合。在我们提出的 1D-CNN 模型中，选择最大池化函数作为其保持局部特征的最佳池化函数，其公式如下：

$$p_{j,\,m} = \max_{i=1}^{r}(c_{j,\,(m-1)\times s+i}) \tag{8-7}$$

式中：$p_{j,\,m}$ 为第 j 个特征映射中第 m 个池化区域的输出；r 和 s 分别为池化区域的大小和步长；$c_{j,\,(m-1)\times s+i}$ 为池化区域对应的元素。

全连接层接收由卷积层和池化层提取的特征映射，然后用一个全连接的单层感知器对其进行运算，以获得更高级的特征。最后，设计的分类器函数作为分类判断的决策器。Softmax 回归函数是常用的分类器函数之一，其数学表达式表达为

$$y_i = e^{(w_i x + b_i)} / \sum_{i=1}^{N} e^{(w_i x + b_i)}, \ i = 1, 2, \cdots, N \tag{8-8}$$

其中，输出 y_i 为输入特征向量 x 的属于第 i 类的估计概率；N 为类别数，w_i 和 b_i 分别表示全连接层的权值系数和偏差。

8.2　基于一维卷积神经网络的智能诊断方法

所提出的诊断方法的流程图如图 8-1 所示。主要包括四个阶段：①对滚动轴承原始振动信号进行预处理；②全谱傅里叶分析，计算各阶谱的三个元素，

以构建阶谱特征，作为构建的 1D-CNN 网络的输入样本；③构建 1D-CNN 网络结构作为诊断决策器；④用已知样本对构建的 1D-CNN 网络进行训练，利用训练后的 1D-CNN 网络对对测试样本进行诊断识别。[①]

正交方向振动数据 → 原始数据预处理 → 谱阶特征的构建 → 训练/测试 → 搭建 1D-CNN 网络 → 诊断结果

图 8-1　基于一维卷积神经网络的智能诊断方法的流程图

8.2.1　原始数据预处理

在该方法中，将两个正交方向上的振动数据作为原始数据样本，以丰富故障信息的表达。首先，安装在滚动轴承周围正交方向的双通道加速度传感器同时采集振动数据；然后，选取长度为 N 的 Hann 窗口函数对双通道振动数据进行重叠分割。这样，在进行傅里叶变换时，可以获得各故障类型的足够样本，并保持时域分辨率。图 8.2 显示了分割处理步骤的细节，如果原始数据的长度为 L，则将得到 n 样本：

$$n = (L - N)/S + 1 \tag{8-9}$$

式中：N 为 Hann 窗口函数的长度；S 为移位的长度。最后，将同一时间正交方向的两段组合成一个复序列，如(8-1)式。

[①] YuFajun, Liao Liang, Zhao Qifeng. A novel 1D-CNN based diagnosis method for rolling bearing with dual-sensor vibration data fusion[J]. Mathematical Problems in Engineering. Volume 2022, Article ID 8986900, 13 pages.

第 8 章 基于卷积神经网络的智能诊断技术

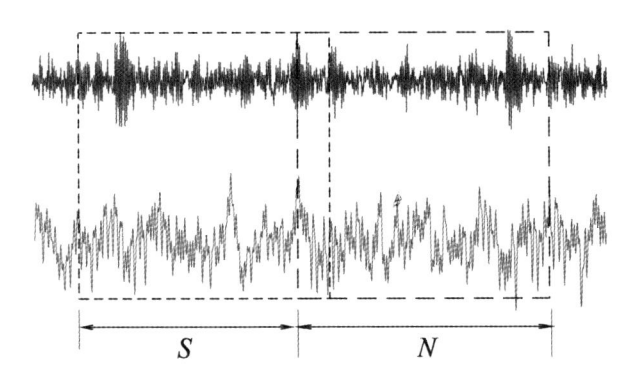

图 8-2 原始振动数据的重叠分割方式

8.2.2 谱阶特征的构建

经过原始数据预处理后,根据每个复序列的长度设置最大谱阶数 K。然后采用(8-5)式离散傅里叶变换(DTFT)计算每个复序列的谱阶系数。假设 $SO(k)(k=1,2,\cdots,K)$ 表示第 k 阶的阶谱系数,取 $SO(k)$ 的实部和虚部,分别记为 $Re\, SO(k)$ 和 $Im\, SO(k)$。

如第 8.1.1 节和 8.1.2 节所述,每个阶的谱系数揭示基于旋转频率的频谱分量特征信息,每个谱阶对应于一个椭圆轨道,其形状由三要素构成:长轴、短轴和倾角。因此,使用每个椭圆轨道的三要素来表示相应的谱阶分量。每个椭圆轨道的长轴和短轴的计算公式如下:

$$\begin{cases} R_L(k) = (|SO(k)| + |SO(K-k)|)/2K \\ R_S(k) = (|SO(k)| - |SO(K-k)|)/2K \end{cases} \tag{8-10}$$

其中,$R_L(k)$ 和 $R_S(k)$ 分别为第 k 个椭圆轨道的长轴和短轴;$|\cdot|$ 表示取复数的模。各椭圆轨道的倾角按式(8-11)计算:

$$\text{tg}(2\alpha_k) = \frac{SO_I(k)SO_R(K-k) - SO_R(k)SO_I(K-k)}{SO_R(k)SO_R(K-k) - SO_I(k)SO_I(K-k)} \tag{8-11}$$

其中,α_k 为第 k 个椭圆轨道的倾角;$\text{tg}(2\alpha_k)$ 为 $2\alpha_k$ 的切线。

将每个椭圆轨道的三要素组合在一起,作为一个三色像素 $[R_L(k), R_S(k), \text{tg}(2\alpha_k)]$,将所有这些三色像素逐一拼接成一个阶谱特征矩阵:

$$\begin{bmatrix} R_L(1), & R_S(1), & \text{tg}(2\alpha_1) \\ R_L(2), & R_S(2), & \text{tg}(2\alpha_2) \\ & \vdots & \\ R_L(k), & R_S(k), & \text{tg}(2\alpha_k) \end{bmatrix},$$

并按列进行归一化处理，作为构建的 1D-CNN 一个输入样本。

8.2.3 1D-CNN 的构建

与图像信号的三个通道相似，谱阶的三要素可以看作是 1D-CNN 输入的三个通道。构建的 1D-CNN 网络结构如图 8-3 所示。它主要由 1 个输入层、4 个卷积-池化层、1 个平展层、1 个随机丢失层、2 个全连接层和 1 个输出层组成。为了避免每层神经元内部协变量的变化和梯度消散，加快网络的收敛速度，将每层的卷积结果进行批量归一化，然后输入激活函数。批处理标准化（BN）操作描述如下：

$$x'_i = \frac{x_i - \mu_B}{\sqrt{\sigma_B^2 + \varepsilon}}, \quad y_i = \gamma x'_i + \beta \tag{8-12}$$

其中，x_i 和 y_i 分别为 BN 运算的输入和输出；μ_B 和 σ_B 分别为小批均值和小批方差；ε 为无穷小，避免分母为零；γ 和 β 分别是尺度转换因子和偏移因子，由网络训练过程中学习得到，以增强网络泛化能力。

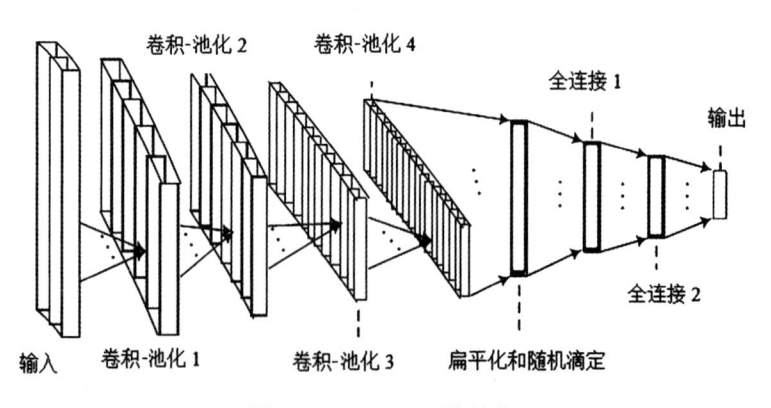

图 8-3 1D-CNN 网络结构

根据现有文献的经验，1D-CNN 中使用的卷积核的大小应该更长，以增

第8章 基于卷积神经网络的智能诊断技术

加每个卷积核的接收域。同时，由于第一个卷积层接收三个谱阶的通道数据，我们设置了第一个卷积层的核大小，长度为24，宽度为3。当第一个卷积层的输出映射变为一维时，后续卷积层中内核的宽度设置为1，但内核的长度设置为逐层减小。所有卷积层的跨步长为2，因此特征映射的大小减半。每个卷积层之后都有一个最大池化层，池化区域大小和跨步长都为2，因此特征映射的大小再次减半。

第一层的信道数为32个，然后将后续层的信道数增加一倍或保持不变。最后一个大小为4×128的池化层的输出平坦为512维向量，为了减少神经元之间的相互依赖和结构风险，采用丢失概率为0.5的随机丢失技术对平展层进行丢失，即在网络训练中将隐藏层中以50%概率的神经元输出设为零，然后将随机丢失层的输出输入两个全连接层中进行分类。构建网络的具体参数见表8-1。

表8-1 1D-CNN网络的结构参数

层	内核长度	内核宽度	分层步骤	核通道	激活函数	输出大小
卷积层1	24	3	2	32	ReLU	988×32
池化层1	—	—	2	—	Max pooling	494×32
卷积层2	18	1	2	64	ReLU	238×64
池化层2	—	—	2	—	Max pooling	119×64
卷积层3	15	1	2	64	ReLU	52×64
池化层3	—	—	2	—	Max pooling	26×64
卷积层4	12	1	2	128	ReLU	7×128
池化层4	—	—	2	—	Max pooling	4×128
平展层	—	—	—	—	—	512×1
随机丢失层	—	—	—	—	—	256×1
全连接层1	—	—	—	—	ReLU	144×1
全连接层2	—	—	—	—	Softmax	7×1

图8-4显示了前2个卷积层的操作细节。在第一个卷积层中，将输入的三个通道数据与大小为24×3的内核进行卷积，输出第一级特征映射。以图8.4

中与 Kenel 11 卷积的第一个输入块数据为例，基于 $0\times1 0\times1+1\times1+0\times1\times1+0+1+1\times1+0\times1\times1\times1+0\times0+1\times0$ 的卷积运算得到 4 的结果。在第二卷积层中，将第一卷积层的输出映射与大小为 18×1 的核进行卷积，以输出第二级特征映射。以与 Kenel 21 卷积的 Map 11 的第一块数据为例，基于 $4\times1+6\times0$ 的卷积运算得到图 8.4 的结果。后续层的卷积操作与第二个卷积层的卷积操作相同。

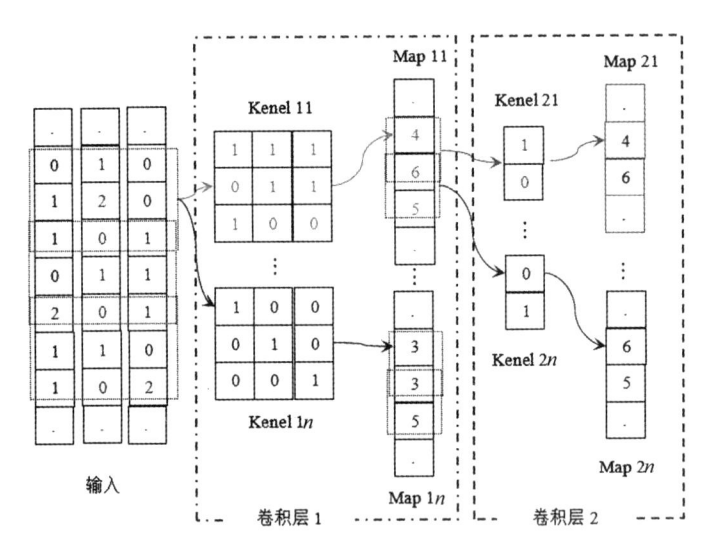

图 8-4　前两个卷积层的操作细节示意图

8.2.4　网络的训练

在我们的基于 1D-CNN 的模型中，网络训练使用常用的交叉熵作为代价函数，其定义如下：

$$\mathrm{loss}=-\frac{1}{M}\sum_{i=1}^{M}\boldsymbol{d}_{i}\lg\left(\mathrm{e}^{y_i}\Big/\sum_{c=1}^{C}\mathrm{e}^{y_c}\right) \quad (8\text{-}13)$$

其中，$\boldsymbol{d}_i$ 和 $\boldsymbol{y}_i$ 分别为第 i 个样本的目标向量和估计的输出向量；M 和 C 分别为样本总数和类别总数。

利用自适应矩估计（Adam）作为优化器，最小化代价函数，使网络的每个参数都可以通过基于梯度的第一矩和第二矩的自适应学习率进行调整。批处理大小和初始学习率分别设置为 128 和 0.001。最大迭代次数为 50 次,采用早期停止策略来防止过度拟合。在训练过程中,每一层的卷积核权值、偏差项等参数逐渐更新,直到代价函数在可接受的范围内或不再发生变化,可以认为网络收敛并停止训练。

8.3 基于一维卷积经网络的滚动轴承智能诊断应用实践

8.3.1 实验设置

实验数据来自 XJTU-SY 轴承数据集[①],以验证所提出的诊断方法的有效性。轴承实验台如图 8-5 所示,它由一个电动机、一个电机控制器、一个支撑轴、两个支撑轴承、一个液压加载系统等组成。LDK 型 UER204 的滚动轴承在不同的故障状态下进行了测试,如内磨损、外磨损、外磨损断裂等。在三种不同的操作条件下,对每种故障状态的轴承进行了测试。将两个加速度计相互垂直地放置在被测轴承的壳体上,以同步地收集水平方向和垂直方向的振动数据。采样频率设置为 25.6 kHz,每个采样记录持续 1.28 s(即 32 768 个数据点),间隔为 1 min。

---

① B. Wang, Y. Lei, N. Li, and N. Li, A hybrid prognosticsapproach for estimating remaining useful life of rolling element bearings[J]. IEEE Transactions on Reliability,2018. 69:1-12

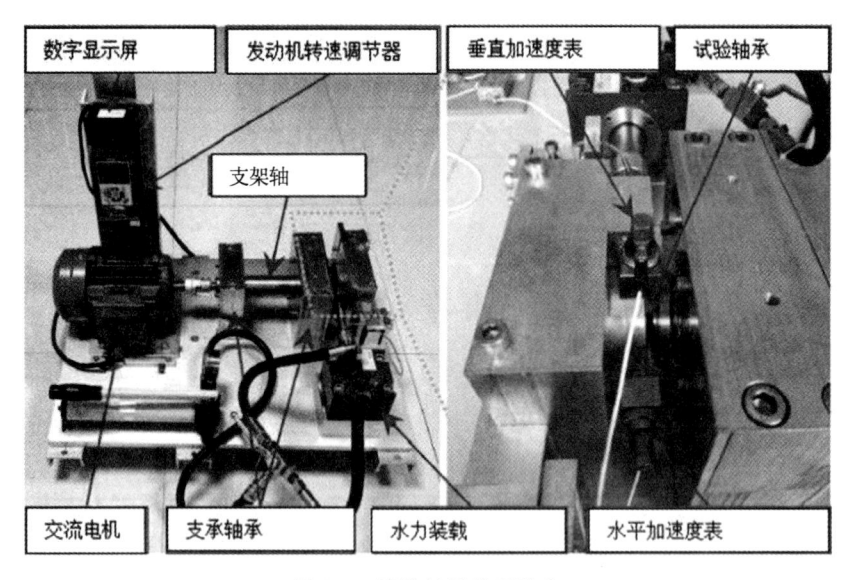

图 8-5　滚动轴承的实验台

8.3.2　构建实验数据集

在本小节中，我们构建了两个实验数据集来评估所提出的诊断方法的有效性，即一个由相同工况条件下的振动数据记录(称为数据集A)组成，另一个由不同工况条件下的振动数据记录(称为数据集B)组成。

由于XJTU-SY轴承数据集包含了完全退化过程的振动数据，因此不同的记录可能代表了不同的退化阶段。我们主要考虑7种类型的健康状态，包括正常(N)、内环磨损(IRW)、外环磨损(ORW)、外环断裂(ORF)、滚动架断裂(CF)、内环磨损+外环磨损和内环磨损+外环断裂。数据集A采用第2种工况条件(37.5 Hz/11 kN)下的采样数据，数据集B包含第1个(35 Hz/12 kN)、第2个和第3个(40 Hz/10 kN)工况条件下的采样数据。选取每个被测轴承的前几个记录作为正常状态的原始数据，选取每个被测轴承的最后几个记录作为相应故障状态的原始数据。所有选择的记录被重叠分割成片段，其中A和B的样本量分别设置为2048和300。将水平方向和垂直方向的一对片段组合成一个复序列，作为一个原始样本处理。在数据集A中，每个运行状况状态包含2140个训练样本和400个测试样本。在数据集B中，每个运行状

第8章 基于卷积神经网络的智能诊断技术

况状态包含3260个训练样本和700个测试样本。详细情况见表8-2。

表8-2 两个已构建的滚动轴承数据集的描述

		N	IRW	ORW	ORF	CF	IRW&ORW	IRW&ORF
种类		1	2	3	4	5	6	7
数据集 A	训练样本	2140	2140	2140	2140	2140	2140	2140
	测试样本	400	400	400	400	400	400	400
数据集 B	训练样本	3260	3260	3260	3260	3260	3260	3260
	测试样本	700	700	700	700	700	700	700

注：数据集 A 是在相同的工况条件下构建的；

数据集 B 是在三种不同的工况条件下构建的。

8.3.3 实验结果及讨论

1. 评价指标

通常，一个分类模型的性能可以通过四个指标来评估，包括准确率（A）、精度（P）、召回率（R）和 F_1-score（F_1），它们的计算由(8-14)式确定：

$$\begin{cases} A = (TP+TN)/(TP+TN+FP+FN) \\ P = TP/(TP+FP) \\ R = TP/(TP+FN) \\ F_1 = 2 \cdot P \cdot R/(P+R) \end{cases} \quad (8\text{-}14)$$

其中，TP 表示样本正确分类的数量；TN 表示样本不属于该类分为其他类的数量；FP 表示样本分类错误的数量；FN 表示样本属于该类但分类到其他类的数量。准确率 A 表示分类正确的样本数量占样本总数的比例，衡量了模型在所有类别中的总体分类效果。其他三个指标度量了每个类别的分类效果。

2. 诊断结果

在我们提出的方法中，数据集 A 和数据集 B 的每个原始样本都根据公式(8-5)计算出阶谱系数，阶次范围取(0，20]，间隔值为 0.01。根据公式(8-2)

和(8-3)计算出的每个阶谱的三要素组合成一个长度为 2000 的阶谱特征向量。将谱阶特征向量按列归一化后,输入所构建的 1D-CNN 结构的第一卷积层中,并训练网络逐步更新每一层的优化参数。最后,将测试集的谱阶特征向量输入训练后的网络,并根据网络的输出得到诊断结果。

为了验证所构造的 1D-CNN 的特征学习能力,采用 t-SNE(t-分布随机邻域嵌入)对测试样本学习到的特征进行降维和可视化。从数据集 A 和数据集 B 中提取测试样本进行试验,从倒数第二个全连接层学习到的特征如图 8.6 所示。可以看出,两个数据集的同类别数据点可以很好地聚合,不同类别的数据点都被分离,说明所构建的 1D-CNN 网络能够集中阶谱特征,做出正确的分类决策。然后,图 8.7 显示了该试验的混淆矩阵,其中行和列分别表示实际类别和预测类别。

图 8-7(a)显示,除了 5 个错误分类实例外,数据集 A 中几乎所有的测试样本都得到了正确的分类。虽然图 8-7(b)中存在少量的误分类实例,但数据集 B 中各类别的分类准确率已达到 98.9% 以上,初步验证了该方法在同工况和变工况下均具有滚动轴承故障诊断能力。

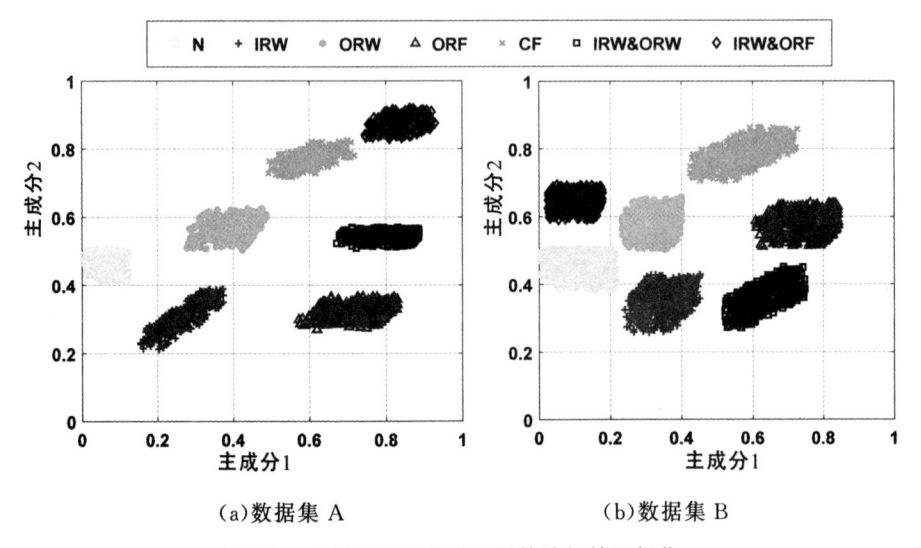

(a)数据集 A　　　　　　　(b)数据集 B

图 8-6　从原始数据中学习到的特征的可视化。

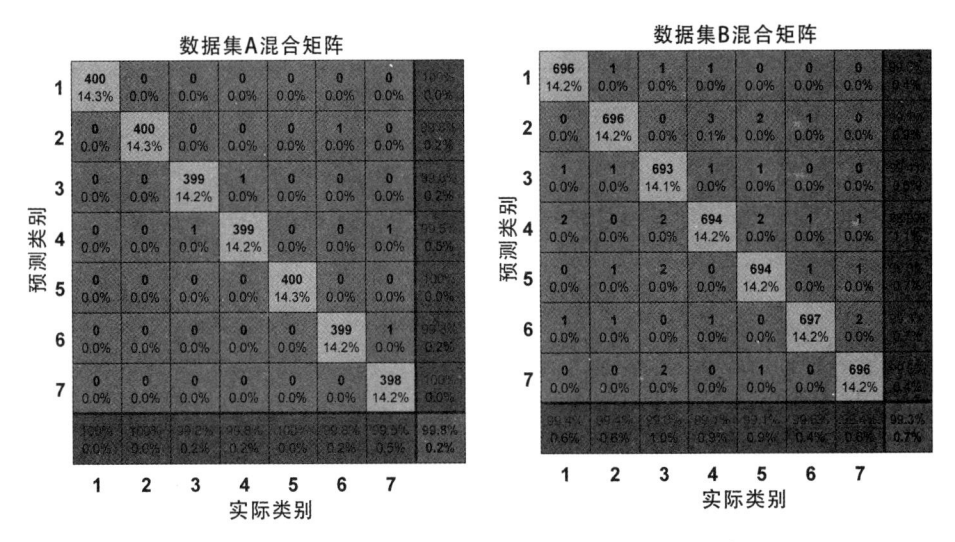

第8章 基于卷积神经网络的智能诊断技术

图 8-7 数据集 A 和数据集 B 诊断结果的混合矩阵

为了显示该试验的类别诊断结果，表 8-3 列出了四个评价指标，从中可以看出，两个数据集的每个度 100% 出现在类别 N(i.e. Normal)，最低精度 99.25% 出现在类别 ORF(即外环断裂)，每个类别标签的 F_1 分数是相似的。对于数据集 B，虽然这四个指标略有下降，但最低的精度和精度仍分别达到 99.71% 和 98.57%。此外，数据集 A 和数据集 B 中各类别的准确率分别超过 99.86% 和 99.28%，进一步验证了所提出的滚动轴承诊断方法的原始振动数据的有效性。

表 8-3 该方法有两个数据集的评价标准

数据集	类别	标签	A(%)	P(%)	R(%)	F_1(%)
A	N	1	99.96	100	99.75	99.87
	IRW	2	99.92	99.75	99.75	99.75
	ORW	3	99.89	99.50	99.75	99.62
	ORF	4	99.86	99.25	99.75	99.50
	CF	5	99.92	99.75	99.75	99.75
	IRW&ORW	6	99.89	99.75	99.50	99.62
	IRW&ORF	7	99.89	99.75	99.50	99.62

续表

数据集	类别	标签	$A(\%)$	$P(\%)$	$R(\%)$	$F_1(\%)$
B	N	1	99.86	99.57	99.43	99.50
	IRW	2	99.71	98.72	99.29	99.00
	ORW	3	99.73	99.28	98.86	99.07
	ORF	4	99.71	98.57	98.97	98.83
	CF	5	99.85	99.25	99.11	99.18
	IRW&ORW	6	99.79	99.12	99.27	99.17
	IRW&ORF	7	99.72	99.35	98.95	99.12

8.3.4 对比其他方法

为了进一步验证该方法的性能，我们在比较实验中采用了其他四种方法。第一种比较方法，将四种信号（振动信号、声信号、电流信号、瞬时角速度）与头尾连接结合，形成 1D-CNN 模型的数据级融合输入。出于类似的考虑，我们将水平和垂直振动信号段与头尾连接结合起来，作为 1D-CNN 模型的输入样本，采用串行输入法（1DCNN-SI）。1D-CNN 模型的层次结构与图 8.3 相同，但每个卷积层的输入长度和内核长度变为 2 倍。

第二种比较方法，将水平和垂直振动信号合并为两个通道的输入样本，然后馈送到基于 1D-CNN 的诊断模型中。我们将 1D-CNN 的结构参数设置为与表 8-1 相同，除了第一卷积层的核宽度从 3 变化为 2。第二种比较方法称为 1D-CNN，采用并行输入法（1DCNN-PI）。第三种比较方法 2DCNN-u8，它将多振动信号转换为二维图像，利用 2D-CNN 模型提取特征和诊断故障。在我们的比较实验中，将两通道的振动数据按行和列合并成像素。一个 8 位无符号整数所表示的像素值由该像素位置上的信号值的标量乘积决定。

为了比较的一致性，2D-CNN 的层次结构与所提出的方法相同，除了每一层的网络参数都是二维的。在第四种比较方法中，通过全谱分析将振动信号样本转换为频谱振幅向量，然后输入一个与 1DCNN-SI 方法相同的结构参数的 1D-CNN 模型。第四种方法简称为 1DCNN-FT。

第8章 基于卷积神经网络的智能诊断技术

为了消除随机因素的影响，四种比较方法和我们提出的方法都用两个数据集进行了 10 次测试。它们的诊断准确率如图 8-8 所示，从中可以看出，我们提出的方法在两个数据集的总体精度和波动范围方面都优于四种比较方法。对于数据集 A，五种方法的诊断准确率均超过 95%，我们提出的方法的平均诊断结果比其他四种方法高出约 2～3 个百分点。但对于数据集 B，四种比较方法的诊断准确率显著下降，特别是 1DCNN-SI 和 1DCNN-PI 方法的诊断准确率下降至 60% 左右。这是由于这两种方法都在时域直接接收输入样本，而在频域缺乏特征提取来处理可变的工作条件。相比之下，由于在输入 1D-CNN 之前形成了光谱顺序特征，我们提出的方法在处理可变工作数据集 B 时仍能达到 98.6% 以上的诊断准确率。

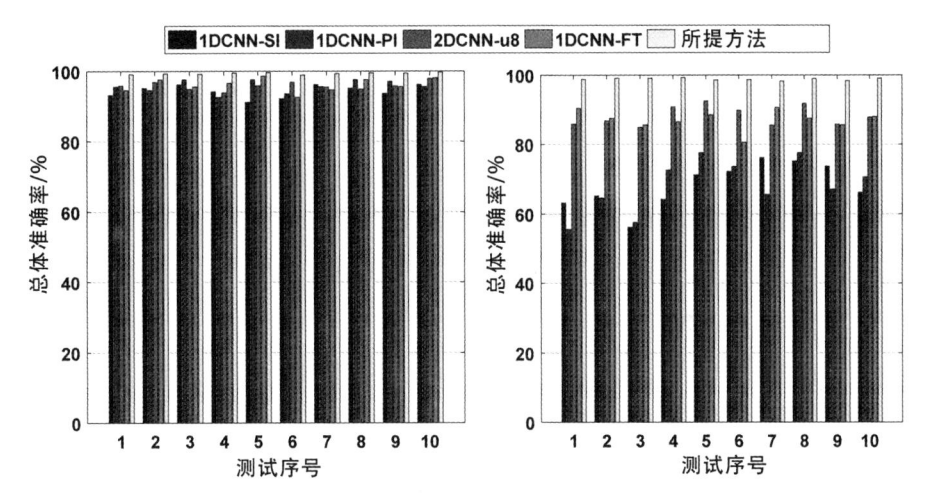

图 8-8 数据集 A 和数据集 B 的四种不同诊断方法的总体准确率对比

表 8-4 显示了比较实验中四个评价指标的平均结果。具体来说，所提出的数据集 A 方法得到的 4 个评价指标均超过 99.3%，分别比 1DCNN-SI 方法和 1DCNN-PI 方法高出 4 个百分点和 3 个百分点。对于数据集 B，我们提出的方法得到了超过 98.6% 的诊断结果，但 1DCNN-SI 和 1DCNN-PI 方法的诊断结果即使失效也显著降低。虽然 2DCNN-u8 方法的结果明显高于 1DCNN-SI 和 1DCNN-PI 方法，但仍低于提出的方法约 14 个百分点，证明了所提方法在变工况条件下比 1DCNN－PI 方法具有明显的优势。此外，1DCNN-FT 的结果

明显比所提出的方法差，低于 15 个百分点，说明阶谱特征的构建步骤对变工况条件至关重要，显著提高了诊断的准确性。

表 8-4　使用两个数据集的比较方法的平均检验结果

数据	度量	1DCNN-SI	1DCNN-PI	2DCNN-u8	1DCNN-FT	准确性
A	A（%）	95.32	96.87	97.19	96.99	99.79
	P（%）	95.25	96.74	96.97	96.77	99.62
	R（%）	95.18	96.57	96.88	96.51	99.38
	F_1（%）	95.21	96.62	96.93	96.64	99.47
B	A（%）	66.25	63.91	85.70	84.89	99.02
	P（%）	65.97	62.78	84.75	83.95	98.97
	R（%）	65.38	62.10	84.17	83.11	98.61
	F_1（%）	65.58	62.43	84.42	83.55	98.79

本章提出了一种基于 1D-CNN 的双传感器振动数据融合滚动轴承故障诊断方法。该方法合理地融合水平和垂直方向的两个振动信号，通过全谱分析有效地挖掘不同传感器信号之间的相关信息，形成有价值的阶谱特征作为 1D-CNN 模型的输入。通过形成基于旋转频率的阶谱特征，该方法可用于变工况条件下的故障诊断。通过恒工况和变工况条件数据集的比较实验，验证了该方法的有效性和优越性，结果表明，该方法的诊断结果指标明显优于四种比较方法。此外，比较实验也反映了阶谱特征构建的优势，当跳过两个数据集的阶谱特征构建这一步时，诊断精度显著降低。

在未来的工作中，我们将尝试研究基于 1D-CNN 的故障诊断方法，为更多的机械对象，如齿轮箱，并优化网络结构，解决特定的故障诊断任务。此外，由于在处理变工况条件下，仍然存在少量误分类实例，我们将把迁移学习引入基于 1D-CNN 的故障诊断方法中，以进一步提高诊断精度。

参考文献

[1] 陈长征,胡立新,周勃,等.设备振动分析与故障诊断技术[M].北京:科学出版社,2007.

[2] 徐敏.设备故障诊断手册[M].西安:西安交通大学出版社,1998.

[3] 陈进.机械设备振动监测与故障诊断[M].上海:上海交通大学出版社,1999.

[4] 朱可恒.滚动轴承振动信号特征提取及诊断方法研究[D].大连:大连理工大学,2013.

[5] 沈水福,高大勇.设备故障诊断技术[M],北京:科学出版社,1990.

[6] 楼应侯,蒋亚南.机械设备故障诊断与监测技术的发展趋势[J].机床与液压,2002,4:7-9.

[7] 李蓉.齿轮箱复合故障诊断方法研究[D].长沙:湖南大学,2013.

[8] 刘瑞扬,王毓民.铁路货车滚动轴承早期故障轨边声学诊断系统原理及应用[M].北京:中国铁道出版社,2005.

[9] 陈向民,于德介,罗洁思.基于线调频小波路径追踪阶比循环平稳解调的齿轮故障诊断[J].机械工程学报,2012,48(3):95-101.

[10] 严保康.低速重载机械早期故障稀疏特征提取的研究[D].武汉:武汉科技大学,2014.

[11] Mallat S. G., Zhang Z. Matching pursuits with time-frequency dictionaries[J]. IEEE Transactions on Signal Processing. 1993,41(12):3397-3415.

[12] Pati Y. C., Rezaiifar R, Krishnaprasad P. S. Orthogonal matching pursuit: Recursive function approximation withapplications to wavelet decomposition [J]. Conference Record of the Twenty-seventh Asilomar Conference on Signals, Systems and Computers, 1993:40-44.

[13] Han K. H., Kim J. H., Quantum-inspired evolutionary algorithm for a class of

combinatorial optimization[J]. IEEE Transactions on Evolutionary Computation. 2002, 6(6): 580 – 593.

[14] Guo Qiang, Ruan Guoqing, Wan Jian. A Sparse Signal Reconstruction Method Based on Improved Double Chains Quantum Genetic Algorithm[J]. Symmetry, 2017, 9(9): 178-195;

[15] 张宇献,钱小毅,彭辉灯,等.基于等位基因的实数编码量子进化算法[J].仪器仪表学报,2015, 36(9): 2129-2137.

[16] 余发军,刘义才,基于改进量子进化算法的稀疏特征提取方法[J].北京理工大学学报,2020, 40(5): 512-518.

[17] 余发军,瞿博阳,刘义才.基于量子进化的信号稀疏分解方法[J].量子电子学报,量子电子学报,2019, 36(4): 393-401.

[18] Ivan W, Selesnick. Wavelet Transform with Tunable Q-Factor[J]. IEEE Transactions on Signal Processing, 2011, 59(8): 3560-3575.

[19] 陈向民,于德介,罗洁思.基于信号共振稀疏分解的转子早期碰摩故障诊断方法[J].中国机械工程, 2013, 24(1): 35-40.

[20] CAI Gai-gai, CHEN Xue-feng, HE Zheng-jia. Sparsity-enabled signal decomposition using tunable Q-factor wavelet transform for fault feature extraction of gearbox[J]. Mechanical Systems and Signal Processing, 2013, 27(1): 34-53.

[21] 余发军,周凤星,基于可调Q因子小波变换和谱峭度的轴承早期故障诊断方法[J].中南大学学报, 2015, 46(11): 4122-4129.

[22] HUANG N E, SHEN Zheng, LONG S R, et al. The empirical mode decomposition and Hilbert spectrum for nonlinear and non-stationary time series analysis[J]. Proceedings of the Royal Society of London. Series A, 1998, 454(1971): 903-995.

[23] Wu Z H, Huang N E. Ensemble empirical mode decomposition: a noise assisted data analysis method[J]. Advance in Adaptive Data Analysis, 2009, 1(1): 1-41.

[24] 余发军,周凤星.基于EEMD和自相关函数特性的自适应降噪方法[J].计算机应用研究, 2015, 32(1): 206-210.

[25] Huang Sheng, Yang Yu, Yang Dan, et al. Class specific sparse representation for classification[J]. Signal Processing, 2015, 116(1): 38-42

[26] Majumdar A., Ward R. K. Classification via group sparsity promoting regularization. IEEE International Conference on Acoustics[J]. Speech and Signal Processing, 2009, 38

(5): 861-864.

[27] Yu Fajun, Zhou Fengxing. Classification of machinery vibration signals based on group sparse representation[J]. JOURNAL OF VIBROENGINEERING. 2016, 18(3): 1540-1561.

[28] Yu Fajun, Fan Fuling, Wang Shuanghong. Transform-domain sparse representation based classification for machinery vibration signals [J]. JOURNAL OF VIBROENGINEERING. 2018, 20(2): 979-988.

[29] Huang W., Cheng J., Yang Y., and G. Guo, An improved deep convolutional neural network with multi-scale information for bearing fault diagnosis[J]. Neurocomputing, 2019, 359, 77-92.

[30] YuFajun, Liao Liang, Zhao Qifeng. A novel 1D-CNN based diagnosis method for rolling bearing with dual-sensor vibration data fusion[J]. Mathematical Problems in Engineering. Volume 2022, Article ID 8986900, 13 pages.

[31] B. Wang, Y. Lei, N. Li, and N. Li, A hybrid prognosticsapproach for estimating remaining useful life of rolling element bearings[J]. IEEE Transactions on Reliability, 2018. 69: 1-12